高等师范院校“双创”教师教育系列教材

# 工程创意模型与机器人

乔凤天　主编

科学出版社
北　京

## 内 容 简 介

本书介绍了机械原理和Arduino单片机的基础知识，通过诸多实例讲解了平面连杆机构、凸轮、棘轮、槽轮、齿轮传动、带传动、链传动的类型、设计及应用。同时，讲解了机械运动系统的方案设计方法，较为详细地介绍了Arduino单片机的结构、原理及编程方法，一系列轮式移动机器人的设计任务可以使读者获得Arduino单片机和机器人入门所需的知识点。本书可以增进高等师范院校师范生、中小学及幼儿园教师对机械原理和Arduino单片机的理解，通过具体的案例拓展师范生、中小学及幼儿园教师进行科创教育教学所需具备的知识和技能。

本书可作为师范类专业专科生、本科生的相关教材及研究生的参考书，也可作为中小学及幼儿园教师的培训教材。

**图书在版编目(CIP)数据**

工程创意模型与机器人 / 乔凤天主编. —北京：科学出版社，2022.3
高等师范院校“双创”教师教育系列教材
ISBN 978-7-03-071882-2

Ⅰ. ①工… Ⅱ. ①乔… Ⅲ. ①机械原理-高等学校-教材-②单片微型计算机-程序设计-高等学校-教材③机器人-高等学校-教材Ⅳ. ①TH111②TP368.1③TP242.2

中国版本图书馆CIP数据核字(2022)第0423388号

责任编辑：潘斯斯 / 责任校对：崔向琳
责任印制：张 伟 / 封面设计：迷底书装

科学出版社出版
北京东黄城根北街16号
邮政编码：100717
http://www.sciencep.com
北京盛通商印快线网络科技有限公司印刷
科学出版社发行 各地新华书店经销
*
2022年3月第 一 版 开本：720×1000 B5
2022年3月第一次印刷 印张：14 3/4
字数：350 000

**定价：79.00元**

(如有印装质量问题，我社负责调换)

高等师范院校“双创”教师教育系列教材

# 《工程创意模型与机器人》

## 编 委 会

**主　任：** 臧　强　孙　彤

**编　委：** 刘　锐　祝杨军　黄　丹　王婧潇

**编写组：** 乔凤天　吴　陶　徐　力　李　慧　张　鸽

乔凤阳　杨　晋　曹盛宏　图　拉　彭瑞文

王佳佳　尚　晶　尹雅倩　鲁子嘉

# 总　　序

创新创业是国之大计、时代潮流。创新是民族进步之魂，是引领发展的第一动力，是建设现代化经济体系的战略支撑；创业是就业富民之源。推动大众创业、万众创新是释放民智民力、保持经济稳定增长、避免经济出现“硬着陆”的重要举措，是经济转型升级的新引擎。2015 年 5 月，国务院办公厅印发《国务院办公厅关于深化高等学校创新创业教育改革的实施意见》(国办发〔2015〕36 号)，指出“深化高等学校创新创业教育改革，是国家实施创新驱动发展战略、促进经济提质增效升级的迫切需要，是推进高等教育综合改革、促进高校毕业生更高质量创业就业的重要举措”。高校是“双创”教育的重要主体，高校“双创”教育的主要目标是唤醒学生的创新创业意识，培养创新创业精神，训练创新创业思维，让学生学会创新创业技能，探索完善“双创”培养体系，使之有效适应经济发展新常态，高效衔接国家就业新政策，不断满足“双创”时代人才培养新要求。“双创”教育改革推进者不断提升顶层设计新高度，始终紧密围绕综合提升人才培养质量前行。

高等师范院校的学生是未来教育教学改革的主要承担者，更是教育的传承者，这种双重身份的特性决定了推动“双创”教育的特殊意义。一方面，高等师范院校为在校生提供优质的创新创业教育。创新是大学教育的灵魂，大学人才培养、科学研究都以创新活动为主要途径，以知识创新乃至文化创新为目标。大学中的创新创业教育应当是一种全新的教育理念和模式，核心理念是面向全体学生、结合专业教育和融入人才培养全过程，基本目标是全覆盖、分层次和差异化，努力实现面向全体与分层施教紧密结合、在校教育与继续教育密切衔接、素质教育与职业教育统筹兼顾。另一方面，高等师范院校开展“双创”教师教育，为基础教育系统培养合格的“双创”师资。因此，高等师范院校围绕立德树人这一根本任务，致力于培养德才兼备，专业素质和综合素质优良，具有国际视野的创新型、复合型、应用型优秀人才。同时，考虑到师范生的思维转型与未来基础教育的质量和走向密切相关，应健全师范生“双创”教育课程体系，内化培养创新思维与工匠精神，外化突出创业实践与“双创”能力，使其未来成为适应新形势、新需要的优秀教师。这些不仅是其未来社会角色的内在需求，更是其实现个人价值、进行教育教学改革的实力和动力。

“双创”教育的目标之一是培养STEM①人才。STEM教育要求学生手脑并用，注重实践、注重动手、注重过程，并基于创新意识，结合动手实践和探索真正唤醒学生的创造潜能。以问题为导向，不用僵化的思路解决问题，而是尝试通过不同的方法和思路进行探索，用工程技术验证想法，从而强化创新意识。与此同时，开展“双创”教师教育具有重大的现实意义，加强教师创新创业教育意识，提升教师创新创业教育能力，使其能够通过理念、内容、教法的创新变革，实现专业教育与创新创业教育的充分融合，培育创新创业人才。

在知识经济时代，STEM人才是创新型国家建设、提升全球竞争力的关键。美国等发达国家在STEM教育领域起步较早，理念先进，不断加大投入，已经形成了较为完整、成熟的体系，取得了实效，例如，奥巴马政府为扩大STEM教育规模并提升其质量做出了重大贡献，投入了大量资金、人力和基础设施，力求为市场输送大批优秀STEM领域的毕业生。英、美等国家通过基础设施投资和教育技术研发投资、多领域协作等方式，来改善科学、技术与创新的教育成果。我国STEM教育起步较晚，目前取得了一定成绩，有效地利用信息技术推进“众创空间”建设，探索STEM教育、创客教育等新教育模式，使学生具有较强的信息意识与创新意识。但机遇与挑战并存，目前我国STEM教育领域的师资以及硬件、软件、教材等方面都需要通过高等师范院校进行培养与开发。

首都师范大学是国内较早开展“双创”教师教育的高校，坚持以立足北京、服务国家需求为导向，学校历来高度重视“双创”工作，建立了以学校党委书记和校长为组长的学生就业创业工作领导小组，构建了创业教育、创业实训、创业孵化三位一体的创业教育服务体系；创设了创业实验室模式，下设创业过程仿真模拟中心、学生创业实训孵化基地、创业教育与研究中心、创业教师教育发展中心四个机构，整体建设水平位居全国前列。除此之外，学校组建创业骨干教师团队，参与教材编写、教学、咨询和科研等工作，在实践中顺势求新，探索出4M创业教育教学模型，在核

① STEM是科学(science)、技术(technology)、工程(engineering)、数学(mathematics)的缩写。

心期刊上发表多篇论文，自主编写出版了多部教材及专著，在国内创新创业教育方面取得了一定成绩。

同时，首都师范大学作为以培养未来教育工作者为主体的高等师范院校，肩负着培养高质量未来师资的重要使命，在探索学生创新创业教育的理念和模式上也应当结合自身特色，致力于培养有创新创业精神和能力的高质量师范生，使其能够承担未来教育教学改革和教育传承的双重使命。特别是对于在“互联网+”理念及创新驱动发展战略下的师范生培养，要使其具备灵活运用网络和掌握智能技术基础的“双创”能力，不断将教育技术有效融入课程设计、教学方法创新等教育实践创新中，为未来“双创”教育教学改革提供新思路、新方法。首都师范大学充分整合校园资源，形成校院两级“双创”合力，于 2016 年研发“创·课”课程，同时整合校企资源，组织召开以“创·课”教育为中心议题的师范生“双创”教育从业技能研讨会。“创·课”要求师范生在大学期间通过“课程+工作坊+实习实践”的课程模式进行系统训练，全面掌握创新创业教育行业的整体状况、最新科学技术、教育理念和教学方法。旨在帮助师范生获得在基础教育系统内开设创新教育和创业教育等相关课程的能力，尤其是培养中小学生创新思维和动手能力所必须具备的专业技能。同时，“创·课”教育能力的培养还能够帮助师范生自主设计、研发课程，提高就业竞争力。首都师范大学“双创”教育水平位于全国师范类院校的前列，但目前针对学生的教材质量参差不齐。

为进一步提升课程效果，普及课程特色内容，首都师范大学组织专业团队编写了“高等师范院校‘双创’教师教育系列教材”。本系列教材以国际创新教育发展和我国中小学课程改革为背景，依托首都师范大学教育学院专业教师团队，整合首都师范大学相关院系资源，借助理工和综合类院校的专家力量，探究师范生及中小学教师应对创新教育发展所遇到的共性问题，切实提升师范生的创意设计制作能力、教育技术应用能力以及创新课程设计能力，加深师范生对教育相关行业的了解和认识。这正是将专业教育与“双创”教育有机融合，将实践技术融入“双创”教育的有益实践，为师范类院校“双创”教学提供体系化支持，同时也意味着学校的创新创业教育水平进入新的学科化、专业化发展阶段。

本系列教材一共五本，涵盖创新思维与方法、课程组织与教学、教育技术与应用三方面，写作的基本原则是：突出基本原理，展示内在逻辑，阐述生动具体，方便教育教学，重点在于培养师范生的创新精神，使师范生了解 STEM、设计思维等创新教育新理念和新方法，将快速成型技术、工程创意模型与机器人、游戏策划与设计等创新教育新技术、新手段与中小学教学及创新教育相结合。同时，本系列教材也为中小学教师创新教育方法、提升教学能力、应用教育技术提供了有效支撑。

《设计思维与创新教育》系统梳理设计思维方法和工具。设计思维作为一种创新方法，可以培养学生的创新思维能力、协作能力和解决问题能力。在中小学教育领域，设计思维广泛应用于教学设计、教师教育等方面。

《STEM 课程设计与实施》试图通过分析 STEM 课程设计方法、教学模式以及学习环境搭建，使师范生及中小学教师、幼儿园教师了解 STEM 教育的内涵，掌握 STEM 课程与教学设计的基本方法，为中小学及幼儿园开展 STEM 课程提供参考。

《快速成型技术及教育应用》聚焦快速成型技术在中小学教学中的应用实践。近几年快速成型技术作为一种新的学习工具，广泛应用于教育领域，并促进了新的学习方式的产生和学科教学创新，对师范生和中小学教师学习相关技术起到了积极的促进作用，探索了新的可能。

《工程创意模型与机器人》是中小学生了解机械、机器人等基础知识，进行青少年科技创新活动的有效教学载体，也是开展创新教育和技术创新活动的常用工具。该书使师范生、中小学教师及幼儿园教师具备机械工程基础知识和基本实操能力，为开展跨学科课程、指导中小学生科技创新提供知识和技能储备。

《游戏策划与设计》介绍游戏设计的流程和方法，有效促进中小学编程教育。游戏能有效激发学生的学习兴趣、促进学生的高阶思维发展。该书可以使师范生、中小学教师及幼儿园教师了解游戏策划与设计的基础知识，为开展信息技术教育、游戏化学习以及各学科信息化、游戏化学习资源建设提供理论参考和技能支持。

本系列教材以问题为导向，阐述了设计思维、STEM 等创新教育新理念，有利于高等师范院校进行专业教育与就业教育的融合，为高等师范院校结合自身特色开展“双创”教育做出了新探索。

由于我们的编写经验、能力不足，书中存在疏漏之处在所难免，敬请专家、读者批评指正。

首都师范大学招生就业处

2018 年 6 月

# 前　言

机械创造发明是青少年科技创新活动的重要组成部分，机器人更是中小学科创教育教学的重要载体，并成为中小学综合实践活动课程、中小学信息技术课程、高中通用技术课程中不可或缺的课程模块。

本书尝试以通俗易懂的语言、图文并茂的形式，介绍机械原理和Arduino单片机的基础知识，使读者了解机构的基本结构、运动原理及设计方法，并熟悉Arduino开发平台，具备开展Arduino轮式移动机器人的设计与制作所需的基本技能。

全书共6章。第1章介绍机构的基础知识；第2章介绍常用机构；第3章介绍机械传动的基础知识；第4章介绍机械运动系统的方案设计；第5章介绍Arduino的基础知识；第6章介绍Arduino轮式移动机器人的制作要点。

本书由首都师范大学教育学院乔凤天主持编写；首都师范大学教育学院吴陶、徐力、李慧、张鸽，首都师范大学科德学院乔凤阳，中国电子学会科普培训与应用推广中心杨晋，中国电子学会普及工作委员会曹盛宏，中国传媒大学戏剧影视学院图拉，清华大学美术学院2019级博士研究生彭瑞文，北京中科启元学校王佳佳，杭州新世纪外国语学校尚晶，中国人民大学附属小学京西分校尹雅倩，首都师范大学2020级硕士研究生鲁子嘉参与编写。北京九天未来科技发展有限公司李天麒、树上信息科技（上海）有限公司武迪、北京花开紫荆教育科技有限公司陈锦荣以及北京奕阳教育研究院为本书提供了素材。全书由乔凤天修改并统稿。

由于作者水平有限，书中难免存在不妥之处，恳请广大读者批评指正。

乔凤天

2021年3月

# 目　　录

# 第 1 章　机构的基础知识

在生产和生活中，机器极大地提高了人们的生产效率和工作效率。作为机器主要构成部分的机构，是由哪些组成要素构成的？又将如何对机构的结构进行分析？这就构成了本章的内容。本章的结构图如图 1-1 所示。

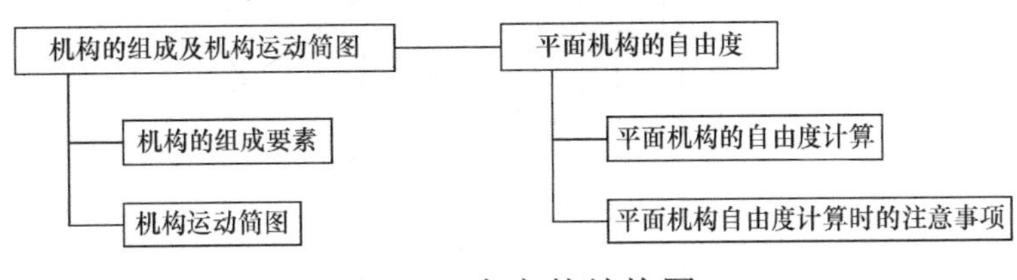


图 1-1　本章的结构图

## 1.1　机构的组成及机构运动简图

机构的设计是机械设计的基础。因此，了解机构的组成要素，掌握绘制机构运动简图的方法，是进行机构运动分析及机械设计所需的重要技能。

### 1.1.1　机构的组成要素

机器是由机构组成的，一部机器可以由几个能实现机器运动变化和动力传递的零件、机构组成，也可仅由一个机构组成。零件是指每一个单独加工制造的单元体，不能再被拆分，常用的典型零件有螺钉、螺栓、螺母、齿轮、轴、轴承等。机构是具有确定相对运动的机件组合体，组成机构的各个机件也称为构件。构件与零件的区别在于：构件是参与运动的最小单元体，零件是单独加工制造的最小单元体。机构的组成要素包括构件和运动副。

1. 构件

构件是机构中的运动单元体，一个构件可能是一个零件，也可能是由多个零件组合而成的。如图 1-2 所示的手摇抽水机是由抽水机筒身 3、摇杆 1、连杆 2 和移动导杆 4 四个构件组合而成的。

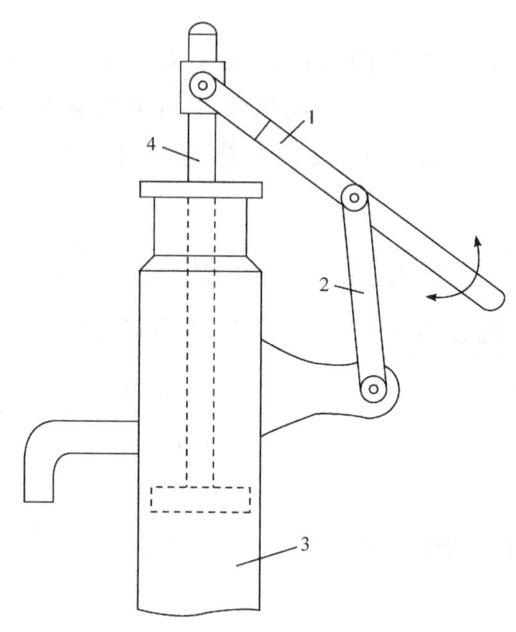


图 1-2　手摇抽水机

1-摇杆；2-连杆；3-筒身(机架)；4-移动导杆

根据构件在机构中的不同功能，可将构件分为机架(或固定件)、原动件(或主动件)和从动件。机架是固定不动的构件，用于支撑其他可动构件。机构中可相对于机架运动的构件称为活动构件，其中按照给定运动规律独立运动的构件称为原动件，其余跟随原动件运动而运动的活动构件称为从动件。如图 1-2 所示的手摇抽水机中，抽水机筒身 3 为机架，摇杆 1 为原动件，连杆 2 和移动导杆 4 为从动件。

2. 运动副

机构都是由构件组合而成的,每个构件至少要与另一个构件相连接，这种连接使两个构件直接接触，并保持一定的相对运动，这种由两个构件直接接触组成的可动的连接称为运动副[1]。

两个构件间的接触形式有点、线、面三种形式。根据组成运动副的两构件间的接触形式分类，两构件间面与面相接触的运动副称为低副（图 1-3(a)、(b) 和 (e)），而两构件间点、线接触的运动副称为高副（图 1-3(c) 和 (d)）。由于点或线接触的高副比面与面接触的低副在承受载荷方面相比，接触部分的压强更高，导致高副比低副易磨损。

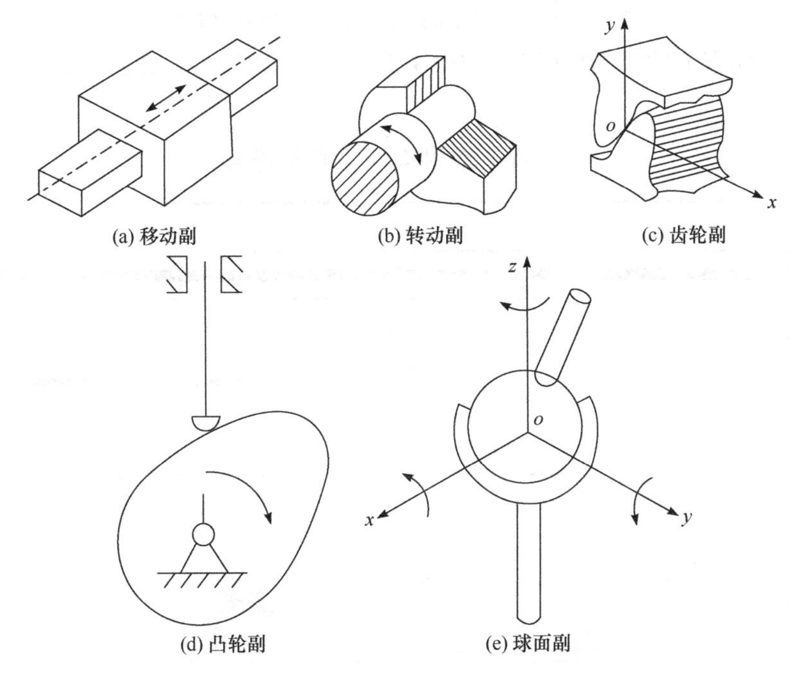


图 1-3　运动副

根据组成运动副的两构件间相对运动的形式分类，若两构件的运动处于同一平面内则称为平面运动副，若两构件呈空间运动则称为空间运动副。此外，两构件间只做相对转动的运动副称为转动副，只做相对移动的运动副则称为移动副。本章将重点讨论平面运动副。

## 1.1.2　机构运动简图

在实际的机构中，构件的外形和结构通常都很复杂，为了便于对机构的运动和动力进行分析，运用简洁明了的方式呈现实际机构的运动形式，可以按一定比例把构件和运动副所形成的机构图形绘制出来，这种利用简单线条和规定的构件、运动副的表示符号绘制的机构图就是机构运动简图。

机构是由构件和运动副组成的，绘制构件时，需注意机架(固定件)、轴、杆、构件组成部分的永久连接(同一构件)、两副构件、三副构件的表示，如表 1-1 所示。运动副由简单线条和规定符号表示，如表 1-2 所示。国家标准已规定了用于机构运动简图的图示符号，可参见《机械制图 机构运动简图用图形符号》(GB/T 4460—2013)，如表 1-3 所示。

**表 1-1 常用构件的表示符号**

| 名称 | 符号 |
| --- | --- |
| 轴、杆 | |
| 固定件 | 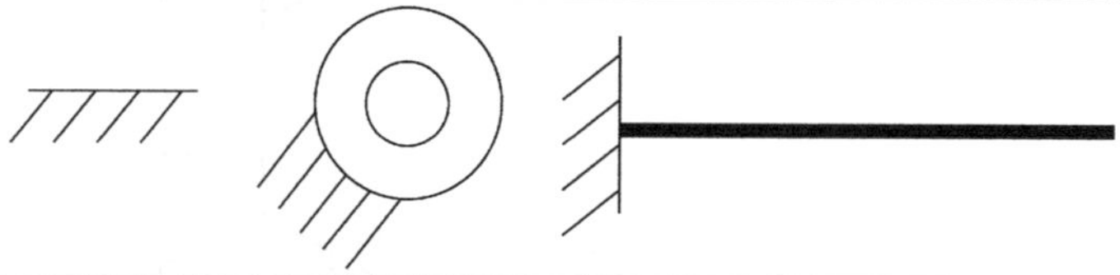 |
| 同一构件 | 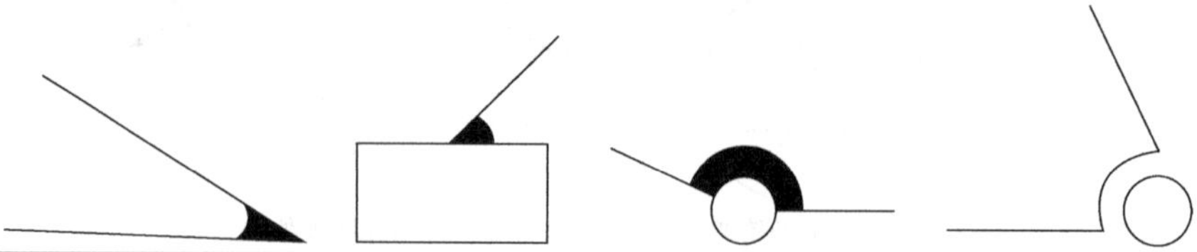 |
| 两副构件 | 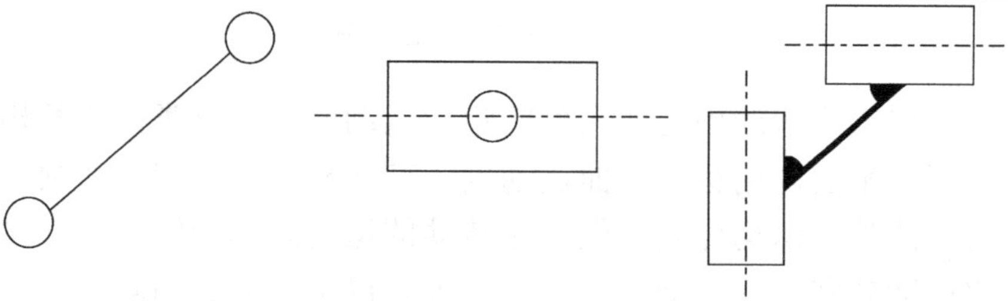 |
| 三副构件 | 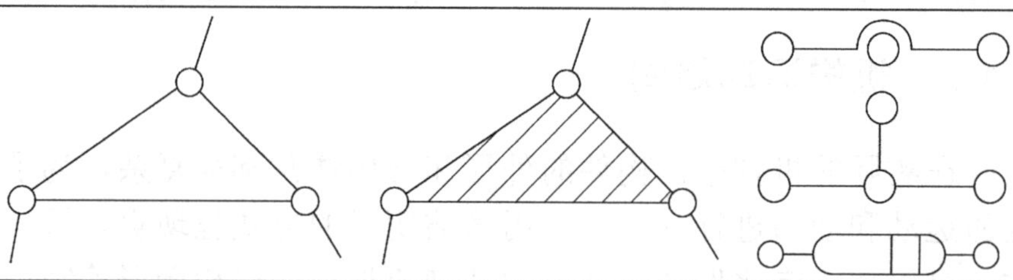 |

表 1-2　常用平面运动副的表述符号

| 名称 | 运动副符号 |
| --- | --- |
| 转动副 | 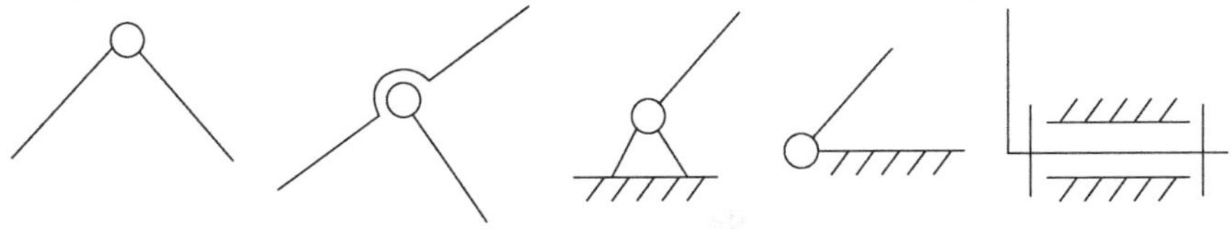 |
| 移动副 | 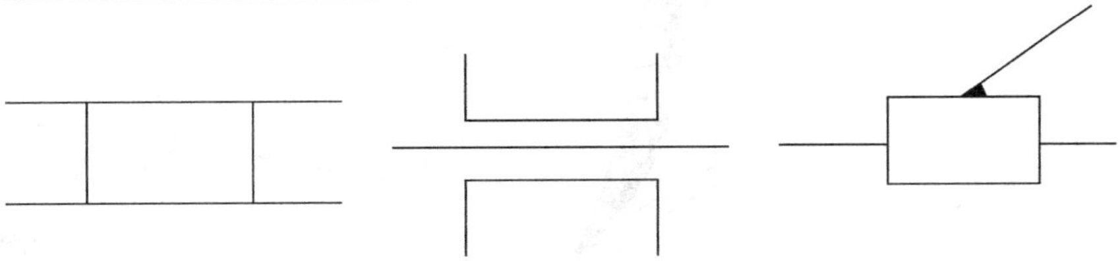 |
| 平面高副 | 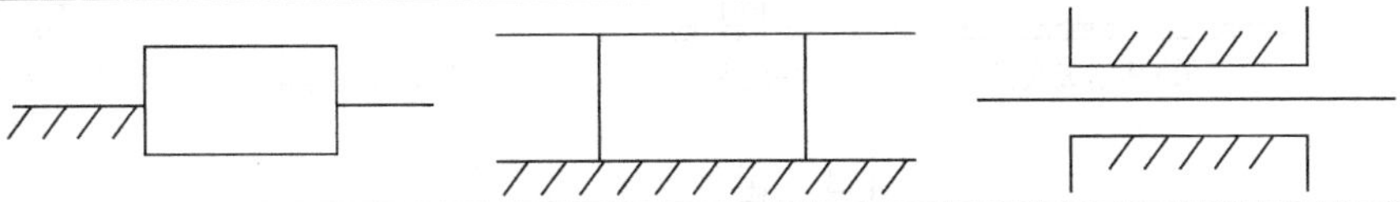 |

表 1-3　常用机构运动简图符号

| 名称 | 基本符号 | 名称 | 基本符号 |
| --- | --- | --- | --- |
| 圆柱齿轮传动 | 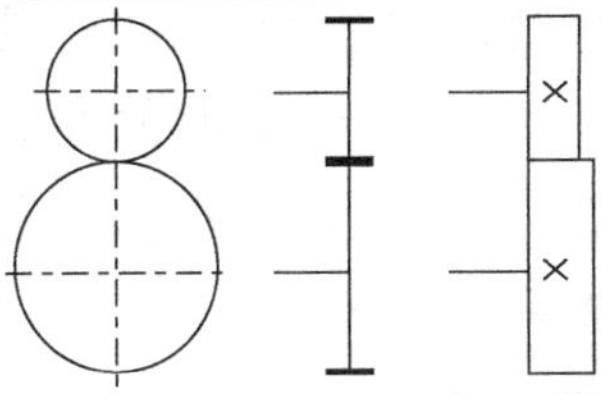 | 圆锥齿轮传动 | 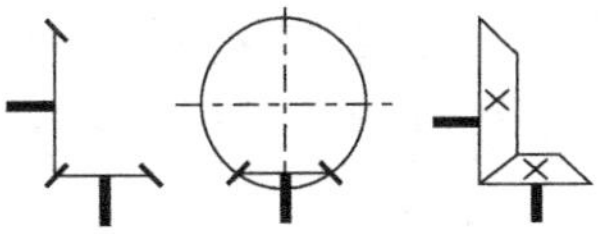 |
| 齿条传动 | 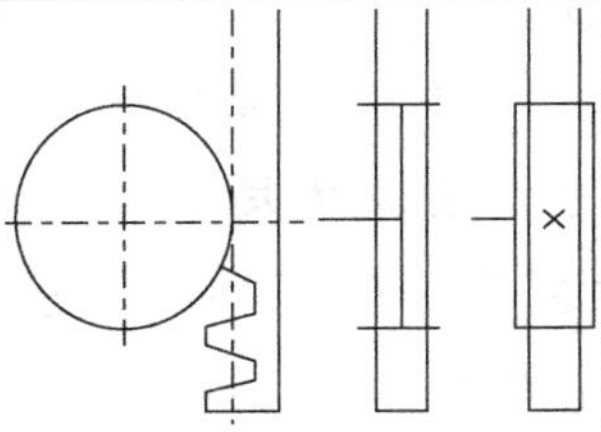 | 圆柱蜗轮蜗杆传动 | 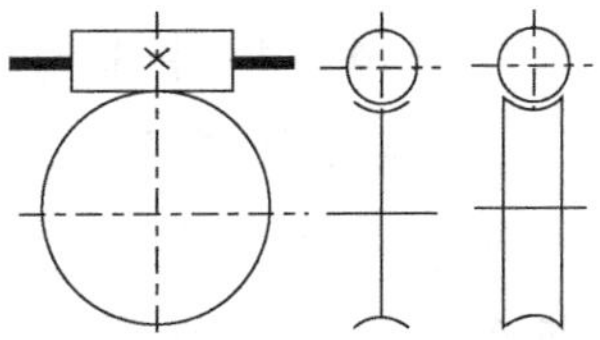 |
| 带传动 | 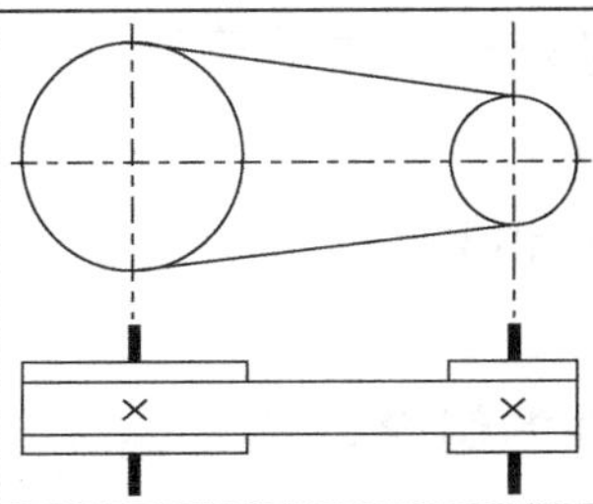 | 链传动 | 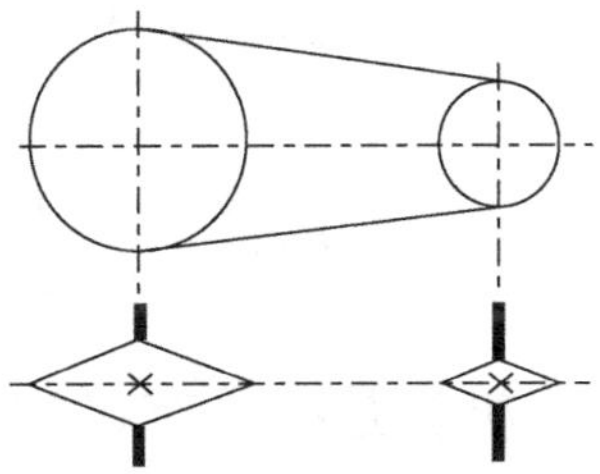 |

下面举例说明机构运动简图的一般作图步骤。

**【例题 1-1】** 试绘制如图 1-4(a)所示的雷达天线俯仰角调整机构的机构运动简图。

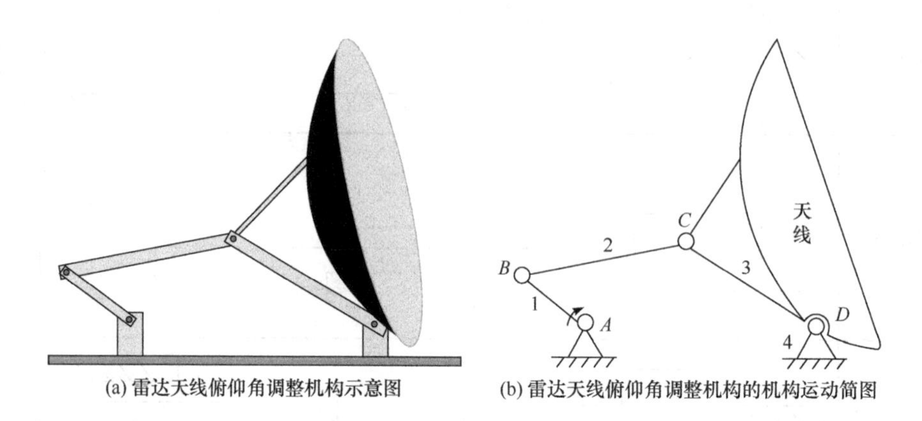


(a) 雷达天线俯仰角调整机构示意图　　(b) 雷达天线俯仰角调整机构的机构运动简图

图 1-4　雷达天线俯仰角调整机构

1-曲柄；2-连杆；3-摇杆；4-机架

**解**　(1) 分析机构运动，确定构件数目。雷达天线俯仰角调整机构是由机架 4、曲柄 1、连杆 2、摇杆 3 所组成的曲柄摇杆机构。其工作原理为，曲柄 1 缓慢地匀速转动，通过连杆 2，使摇杆 3 在一定角度范围内摆动，使固定在摇杆 3 上的雷达天线也能做一定角度的摆动，从而达到调整雷达天线俯仰角大小的目的。该机构共有 4 个构件，机架 4 是固定件，曲柄 1 是原动件，连杆 2 和摇杆 3 是从动件。

(2) 确定运动副的类型。根据各构件相对运动和接触的情况，可判定构件 1 与 4、构件 1 与 2、构件 2 与 3、构件 3 与 4 均构成转动副。

(3) 选定比例尺，用线条和规定符号作图。选定适当比例，用规定符号绘制出各运动副。用简单线条将同一构件上的运动副连接起来。构件 4 为机架，用斜线标示；构件 1 为原动件，用箭头标示运动方式。图 1-4(b) 即为要绘制的雷达天线俯仰角调整机构的机构运动简图。

## 1.2　平面机构的自由度

机构是指具有确定的相对运动构件的组合，而不是无条件的任意组合[2]。如果要检验一个机构在什么条件下才能实现确定的运动，就要讨论机构的自由度和它具有确定的相对运动的条件。

### 1.2.1　平面机构的自由度计算

机构的自由度是指机构中各构件相对于机架所具有的独立运动的数目。机构的自由度与组成机构的构件的数目、运动副的数目及其类型有关。

一个做平面运动的活动构件具有 3 个自由度，分别是沿 $x$ 和 $y$ 轴的移动和绕与运动平面垂直的轴线的转动。当两个构件组成运动副后，构件间的相对运动受到约束，自由度数目随之减少。不同类型的运动副引入的约束不同，导致自由度也不同。转动副约束了两个移动的自由度，使两构件只剩下一个相对转动的自由度。移动副约束了一个轴方向的移动和在平面内的转动，使两构件只剩下一个相对移动的自由度。因此，低副(转动副和移动副)引入 2 个约束，使两构件只保留一个自由度。然而，高副只引入 1 个约束，使两构件剩下相对转动和相对移动两个自由度。

如果一个平面机构共有 $n$ 个活动构件，当各构件未通过运动副连接时，这些构件共有 $3n$ 个自由度。假如各构件之间共构成 $P_L$ 个低副和 $P_H$ 个高副，则全部运动副共引入了 $(2P_L+P_H)$ 个约束，机构的自由度 $F$ 则为

$$F=3n-(2P_L+P_H)=3n-2P_L-P_H \tag{1-1}$$

**【例题 1-2】** 试计算如图 1-4(b)所示的雷达天线俯仰角调整机构的自由度。

**解**　由图 1-4(b)所示的机构运动简图可以看出，构件 4 为机架，机架固定不动，不计算在内，该机构共有 3 个活动构件($n$=3)，4 个转动副($P_L$=4)，没有高副($P_H$=0)。根据式(1-1)，机构的自由度为

$$F=3n-2P_L-P_H=3\times3-2\times4-0=1$$

机构的各构件要具有确定的运动，所需具备的条件为，机构的原动件数目等于机构的自由度数目，且机构的自由度大于零($F>0$)。在雷达天线俯仰角调整机构中，构件 1 为原动件，原动件的数目等于自由度的

数目，均为 1，且满足自由度大于零，说明该机构具有确定的运动。

## 1.2.2　平面机构自由度计算时的注意事项

### 1. 复合铰链

复合铰链是指两个以上的构件形成的转动副。例如，将乐高积木的 5 孔连杆看作一个构件(图 1-5)，两个 5 孔连杆由一个光销连接就可以构成一个铰链，如图 1-6(a)所示，三个 5 孔连杆由一个长摩擦销连接则可以构成两个重叠的铰链，如图 1-6(b)所示。因此可推知由 *m* 个构件可以构成($m$–1)个铰链。

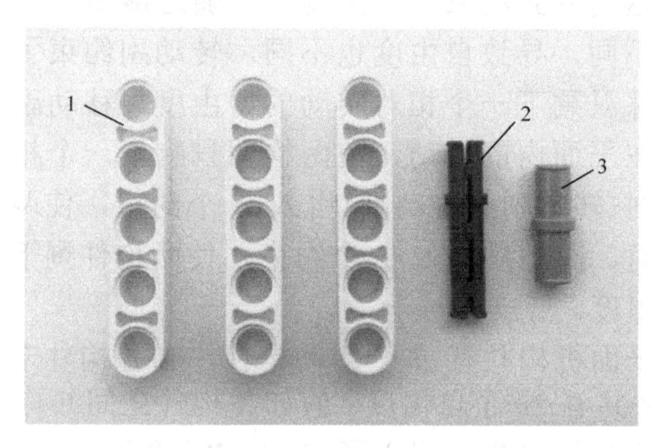


图 1-5　乐高积木

1-5 孔连杆；2-长摩擦销；3-光销

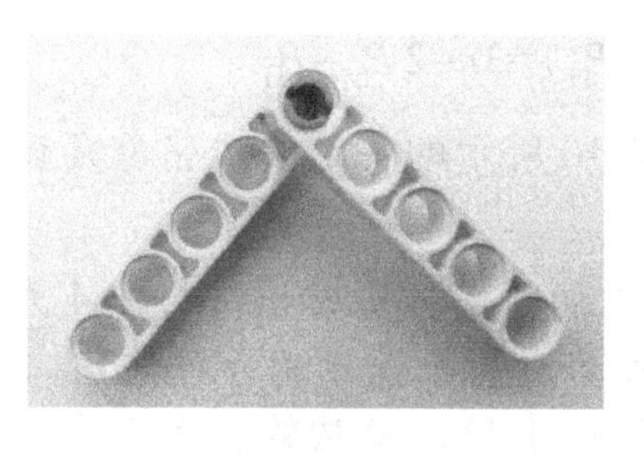

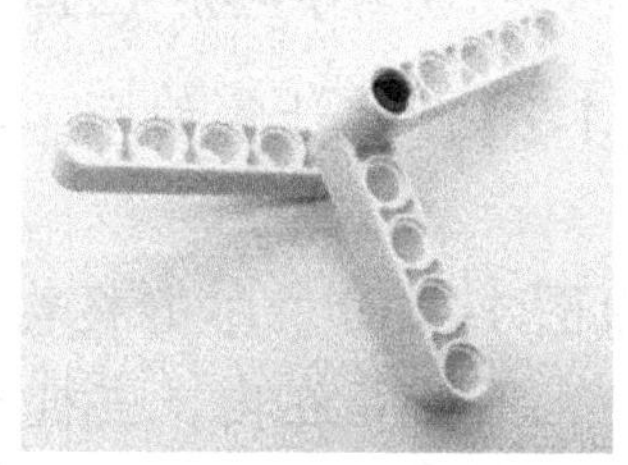

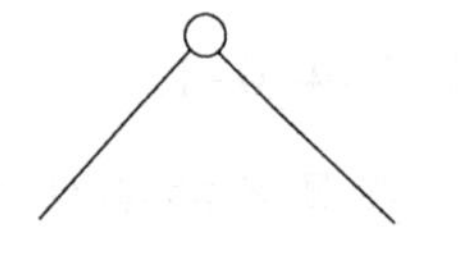

(a) 两个5孔连杆构成一个铰链

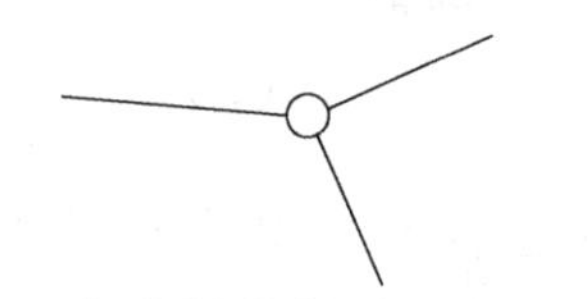

(b) 三个5孔连杆构成两个重叠的铰链

图 1-6　复合铰链

【例题 1-3】 试计算如图 1-7 所示的惯性筛机构的自由度。

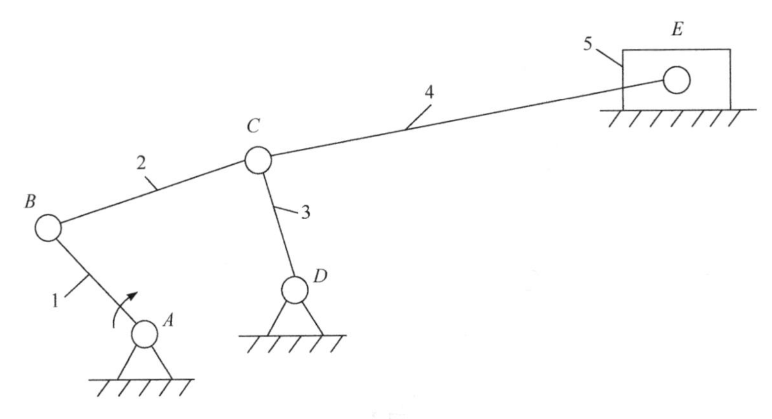


图 1-7 惯性筛机构简图

1,3-曲柄；2,4-连杆；5-筛子

**解** 该机构中共有 5 个活动构件($n$=5)，其中构件 2、3 和 4 构成两个重叠铰链，经分析该机构有 7 个低副(6 个转动副、1 个移动副，$P_L$=7)，没有高副($P_H$=0)。根据式(1-1)，该机构的自由度为

$$F=3n-2P_L-P_H=3\times5-2\times7-0=1$$

2. 局部自由度

机构中对其他构件运动不产生影响的个别构件的独立运动自由度称为局部自由度。

图 1-8(a)为凸轮机构，当凸轮 1 作为原动件时，通过滚子 3，驱动推杆 2 在机架 4 中往复运动。由于滚子是圆形的，所以它自身的旋转并不影响整个机构的运动，因此滚子绕其自身中心旋转是一个局部自由度，所以在计算自由度时应排除这个自由度，可把滚子 3 与推杆 2 当作一个构件，如图 1-8(b)所示。此机构中只有凸轮 1 和推杆 2 这两个活动构件($n$=2)，有 2 个低副(1 个转动副、1 个移动副，$P_L$=2)，1 个高副($P_H$=1)。根据式(1-1)，该机构的自由度为

$$F=3n-2P_L-P_H=3\times2-2\times2-1=1$$

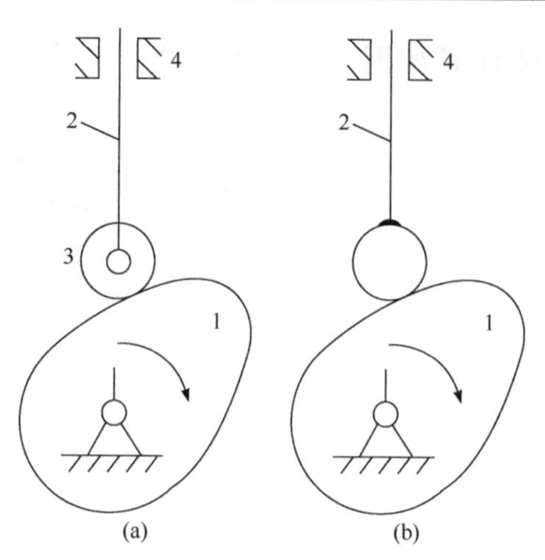


图 1-8　局部自由度
1-凸轮；2-推杆；3-滚子；4-机架

3. 虚约束

虚约束是指为了增加机构的稳定性，对机构整体运动不起约束作用的辅助约束。例如，两个构件形成多处具有相同作用的运动副，如图 1-9 所示，推杆 2 与导路槽 3 之间存在两个移动副，这两个移动副的作用相同，因此在计算自由度时只考虑一个自由度。

**【综合练习 1-1】**　图 1-10 是一个汽车前窗刮雨器机构的传动装置原型，此机构是一个多杆机构，在表 1-4 中绘制出此机构的机构运动简图。

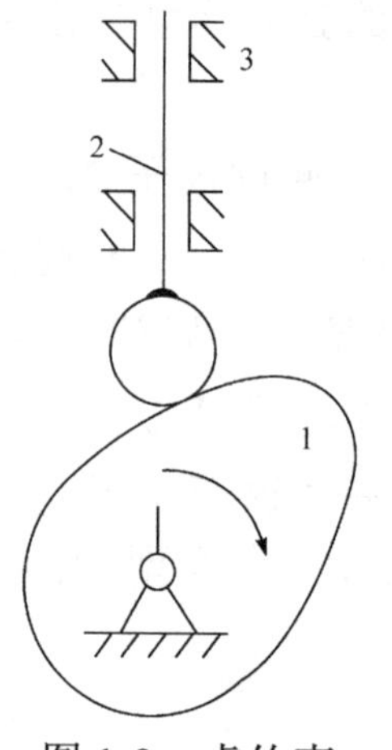


图 1-9　虚约束
1-凸轮；2-推杆；3-导路槽

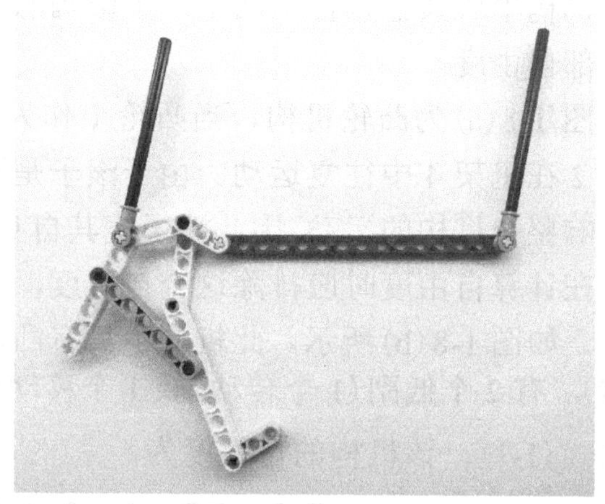

图 1-10　汽车前窗刮雨器机构的传动装置原型

表 1-4　刮雨器机构的机构运动简图

机构名称：________　绘制人：________　时间：________

（机构运动简图）

【综合练习 1-2】　绘制折叠椅（图 1-11）的机构运动简图并计算该机构的自由度，将结果填写在表 1-5 中。

图 1-11　折叠椅

表 1-5　折叠椅的机构运动简图与自由度计算[3]

| 机构名称：______ 绘制人：______ 时间：______ | 原动件数 | |
|---|---|---|
| （机构运动简图） | 活动构件数 | $n=$ |
| | 低副数 | $P_L=$ |
| | 高副数 | $P_H=$ |
| | 自由度 | $F=$ |
| | 机构运动是否确定 | |

**【综合练习 1-3】** 滑撑是支撑窗扇实现开启、闭合及定位的一种多连杆装置，如图 1-12 所示。绘制滑撑的机构运动简图并计算该机构的自由度，将结果填写在表 1-6 中。

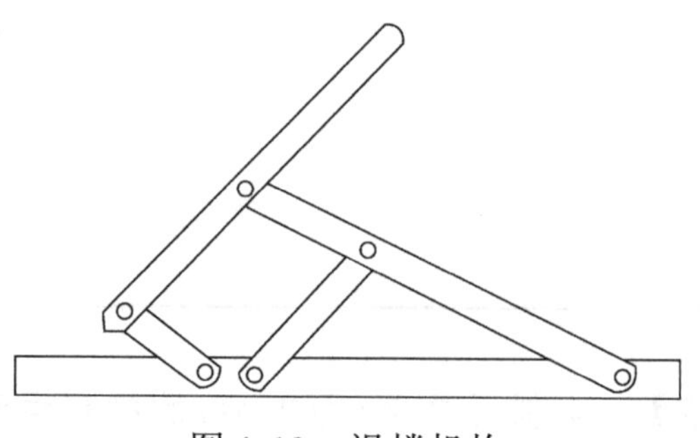

图 1-12 滑撑机构

**表 1-6 滑撑的机构运动简图与自由度计算**

<table>
<tr><td rowspan="6">机构名称：________ 绘制人：________ 时间：________<br><br>(机构运动简图)</td><td>原动件数</td><td></td></tr>
<tr><td>活动构件数</td><td>$n=$</td></tr>
<tr><td>低副数</td><td>$P_L=$</td></tr>
<tr><td>高副数</td><td>$P_H=$</td></tr>
<tr><td>自由度</td><td>$F=$</td></tr>
<tr><td>机构运动是否确定</td><td></td></tr>
</table>

# 第2章　常用机构

平面连杆机构、凸轮机构、棘轮机构和槽轮机构被广泛应用于工程机械、仪器仪表及日常生活用品中。本章主要介绍上述几种机构的类型、特点及应用。本章的结构图如图 2-1 所示。

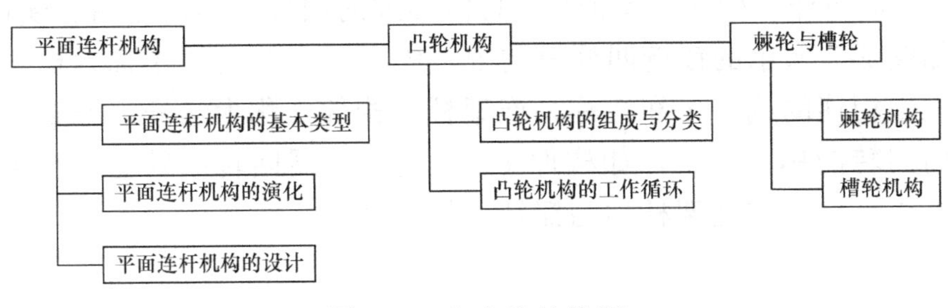


图 2-1　本章的结构图

## 2.1　平面连杆机构

平面连杆机构具有易于制造、运动副元素简单、能满足特定运动轨迹等诸多优点。例如，按两连架杆运动形式的不同，平面连杆机构包括曲柄摇杆机构、双曲柄机构和双摇杆机构三种基本类型。平面连杆机构的应用主要体现在，通过变换运动形式，把转动转变为移动，实现复杂的平面运动。平面连杆机构的设计方法包括图解法、解析法和计算机辅助设计法。

### 2.1.1　平面连杆机构的基本类型

1. 平面连杆机构的基本形式与应用

平面连杆机构是应用最为广泛的一种机构。平面连杆机构是由若干构件用低副(转动副和移动副)连接组成，实现平面运动转换的机构。由四个构件(杆状构件)组成的平面连杆机构称为四杆机构，四杆机构是五杆以上多连杆机构的基础，本节主要讨论四杆机构。

平面连杆机构的优点是，面接触的压强小，磨损较轻，可传递较大动力；构件接触面是圆柱或平面，易于加工制造；机构能实现转动、摆动、移动等多种运动形式。平面连杆机构的缺点是，低副中存在间隙会引起运动误差，不易实现精确的运动轨迹；连杆机构运动时产生的惯性力和惯性力矩不易平衡，不适用于高速传动。

四杆机构是由四个构件通过低副连接而成的，是平面连杆机构中最简单和最常见的形式。全部运动副均为转动副的四杆机构称为铰链四杆机构，它是四杆机构的基本形式，其他形式的四杆机构均是由它演化的。

如图 2-2 所示的铰链四杆机构中，固定不动的构件 4 称为机架，直接与机架相连的构件 1 和 3 称为连架杆，构件 2 称为连杆。连架杆中能做整周回转的称为曲柄，如构件 1。不能做整周回转而只能在一定角度范围内往复摆动的连架杆称为摇杆，如构件 3。

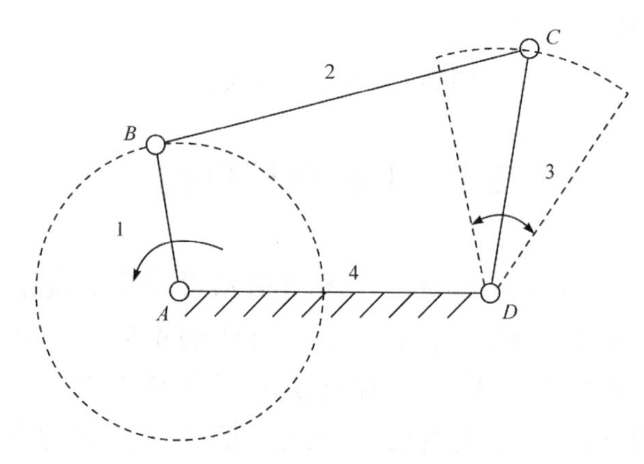


图 2-2　铰链四杆机构

1,3-连架杆；2-连杆；4-机架

在铰链四杆机构中，按两连架杆运动形式的不同，可将它分为曲柄摇杆机构、双曲柄机构和双摇杆机构三种基本类型。

1）曲柄摇杆机构

在铰链四杆机构中，若一个连架杆是曲柄，另一个连架杆是摇杆，则称其为曲柄摇杆机构。曲柄摇杆机构能实现两种运动转换，当以曲柄为原动件时，可将曲柄的连续转动转换为摇杆的往复摆动。例如，搅拌机以曲柄1为原动件，从动摇杆3往复摆动，利用连杆2的延长部分实现搅拌功能，如图2-3所示。当以摇杆为原动件时，可将摇杆的往复摆动转换为曲柄的连续转动，如缝纫机，缝纫机踏板3(原动件，即摇杆)往复摆动，通过连杆2驱动曲柄1(从动件)做整周回转，如图2-4所示。

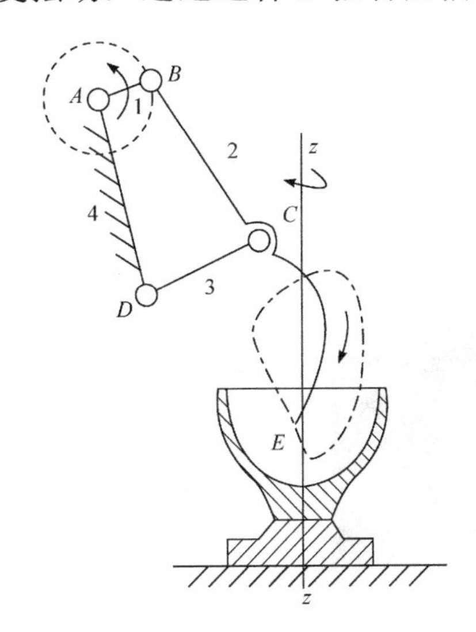


图2-3　搅拌机机构

1-曲柄；2-连杆；3-摇杆；4-机架

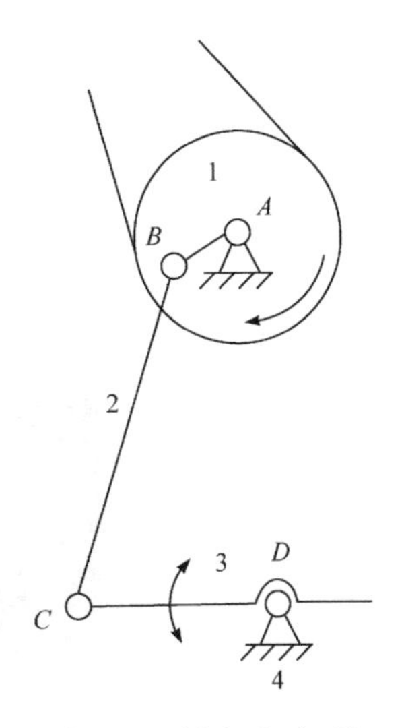


图2-4　缝纫机机构

1-曲柄；2-连杆；3-摇杆；4-机架

汽车前窗刮雨器是一个曲柄摇杆机构，机构运动简图如图2-5所示，电机驱动主动件曲柄*AB*转动，使连杆带动摇杆*CD*左右摆动，利用摇

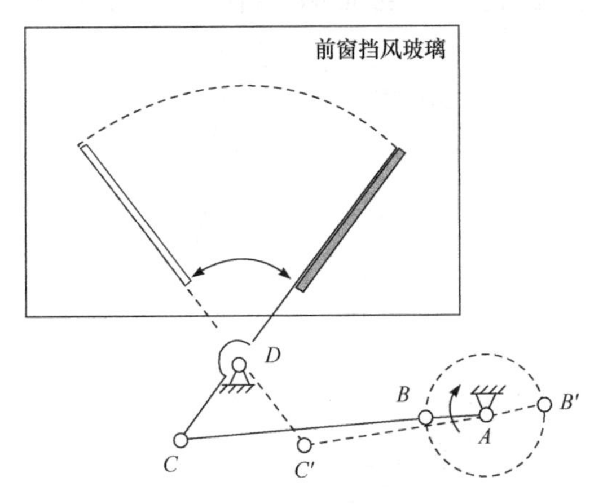


图2-5　汽车前窗刮雨器机构

杆 *CD* 的延长段的雨刷清扫前窗挡风玻璃上的雨水，用乐高零件搭建的刮雨器原型如图 2-6 所示。

图 2-6　汽车前窗刮雨器原型

2) 双曲柄机构

在铰链四杆机构中，若两个连架杆均为曲柄，则称为双曲柄机构，如图 2-7 所示。在此机构中，当曲柄 1(作为原动件) 旋转时，带动曲柄 3

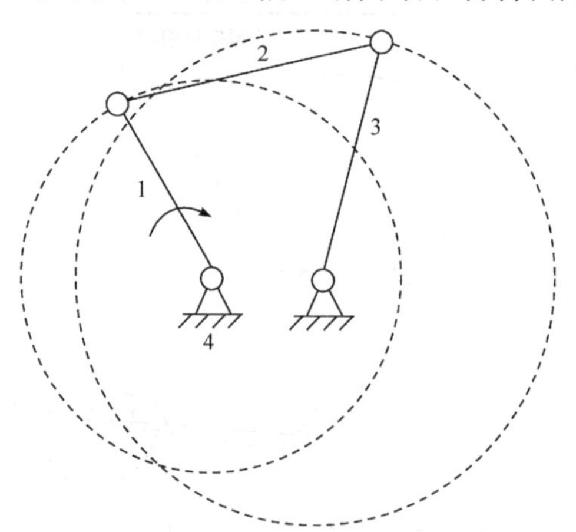


图 2-7　双曲柄机构

1,3-曲柄；2-连杆；4-机架

(作为从动件)旋转。需要注意的是，当原动曲柄匀速转动时，从动曲柄以每转为周期做变速转动。

在双曲柄机构中，如果两个曲柄的长度相等，且连杆与机架的长度也相等，则称为平行双曲柄机构，如图 2-8 所示。平行双曲柄机构的特点是，原动曲柄与从动曲柄以相同的角速度转动，且两曲柄始终保持平行。如机车车轮联动机构，当动力驱动左边的“曲柄 *AB*”(车轮)转动时，另外两个“曲柄 *CD*、*EF*”(另外两个车轮)也同步转动，如图 2-9 所示。

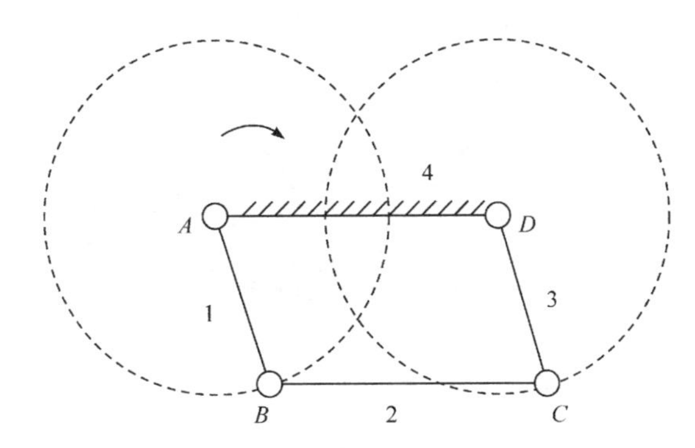


图 2-8　平行双曲柄机构

1,3-曲柄；2-连杆；4-机架

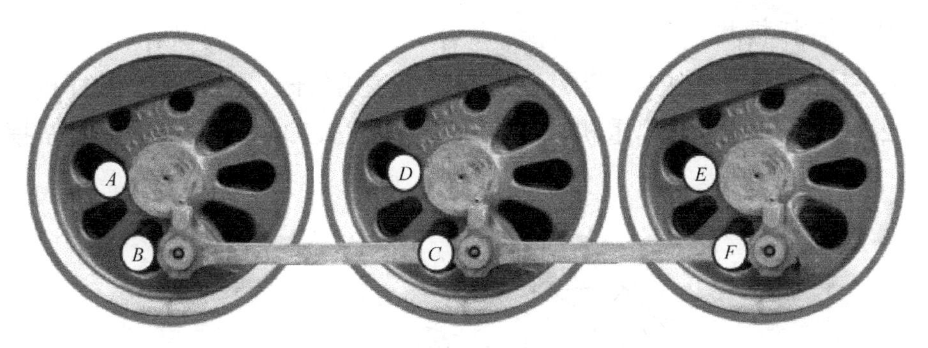


图 2-9　机车车轮联动机构

在双曲柄机构中，如果两对边杆相等，但不平行，则称为反向双曲柄机构，也称反平行四边形机构，如图 2-10 所示。反向双曲柄机构的主、从动曲柄的转向相反。如图 2-11 所示的汽车车门开闭机构就是利用反向双曲柄机构的特性，实现了两扇车门同时打开或关闭。

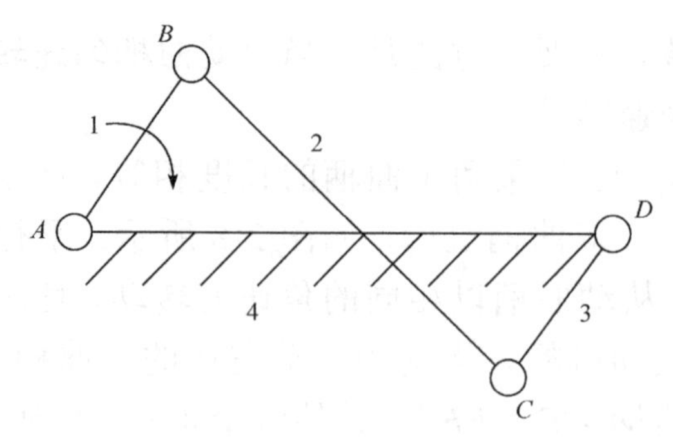


图 2-10　反向双曲柄机构

1,3-曲柄；2-连杆；4-机架

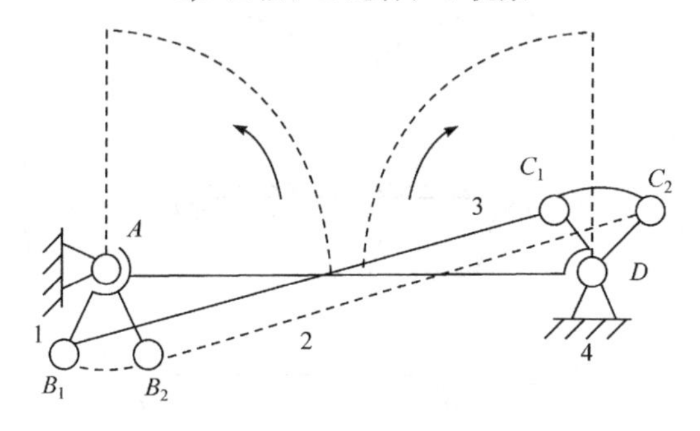


图 2-11　汽车车门开闭机构

1,3-曲柄；2-连杆；4-机架

3）双摇杆机构

在铰链四杆机构中，若两个连架杆均为摇杆，则称为双摇杆机构。如图 2-12 所示的鹤式起重机中的四杆机构 *ABCD*，当主动摇杆 *AB* 摆动

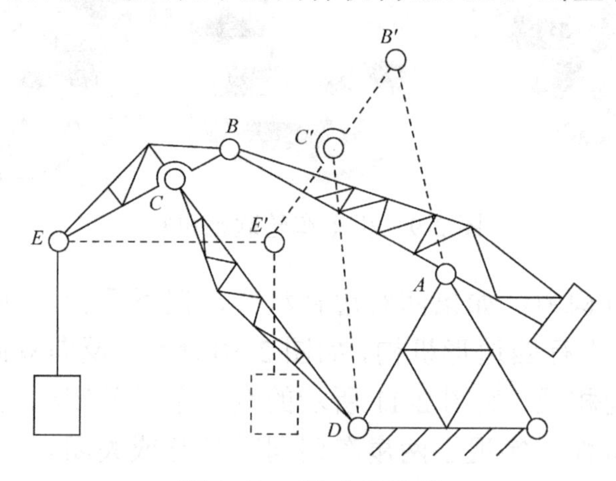


图 2-12　鹤式起重机

时，从动摆杆 $CD$ 也随之摆动，连杆 $BC$ 延长线上的重物悬挂点 $E$ 在近似水平线上移动，使重物避免不必要的升降而消耗能量。

### 2. 平面连杆机构的工作特性

#### 1）存在曲柄的几何条件

设计铰链四杆机构时，首先要判定选取上述三种类型中的哪一种。接下来以判定曲柄存在的条件为示例，进而推导出铰链四杆机构中三种类型的存在条件。

在图 2-13(a)中，设构件 1、2、3、4 的长度分别是 $a$、$b$、$c$、$d$，并且 $a<d$。如果构件 1 能绕铰链 $A$ 做整周回转，那么在运动中一定存在如图 2-13(b)和(c)所示的两个位置。在这两个特殊位置时，构件 1 和构件 4 实现两次共线。

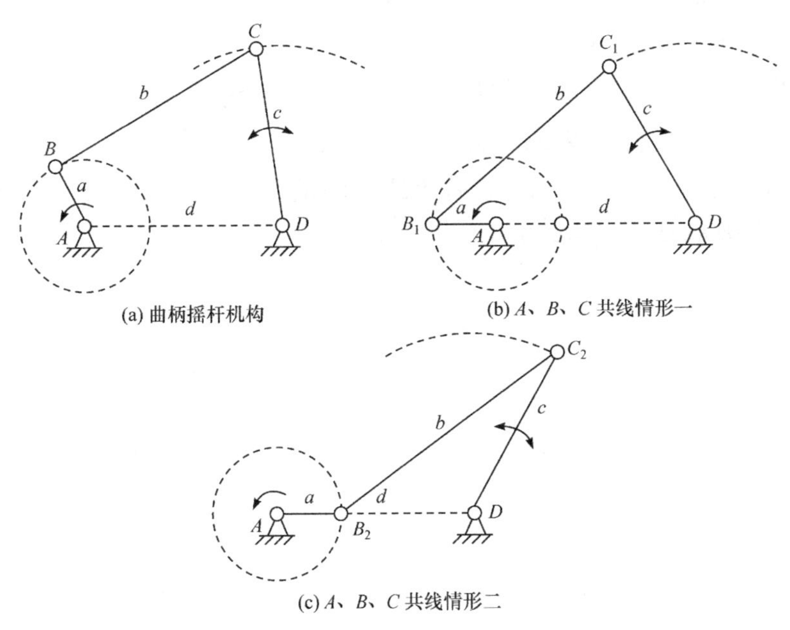


(a) 曲柄摇杆机构　(b) $A$、$B$、$C$ 共线情形一

(c) $A$、$B$、$C$ 共线情形二

图 2-13　曲柄存在条件

在△$B_1C_1D$ 中，根据三角形边长之间的关系，三角形两边之和大于第三边，即

$$b+c > a+d \tag{2-1}$$

在△$B_2C_2D$中，根据三角形边长之间的关系可得

$$d-a+c > b \tag{2-2}$$

$$d-a+b > c \tag{2-3}$$

将式(2-1)～式(2-3)两两相加化简后可得

$$a < b,\quad a < c,\quad a < d$$

综上分析，可得出铰链四杆机构存在曲柄的条件如下。

(1) 最短杆与最长杆长度之和小于其他两杆长度之和。

(2) 最短杆是连架杆或机架。

根据最短杆在铰链四杆机构中的位置，可以确定铰链四杆机构的三种类型：当最短杆作为连架杆时，此最短杆为曲柄，另一连架杆则为摇杆，即曲柄摇杆机构；当最短杆作为机架时，此时是双曲柄机构；当最短杆作为连杆时，此时是双摇杆机构。

2) 压力角与传动角

如图 2-14 所示的铰链四杆机构中，若不考虑惯性力、各杆重力和运动副的摩擦力，则构件 2 为二力共线的构件。当主动件 1 运动时，连杆 2 作用于从动摇杆 3 上的力 $F$ 是沿 $BC$ 方向的。作用在从动件上的驱动力 $F$ 与该力作用点速度 $v_c$ 之间所夹的锐角 $\alpha$ 称为压力角，压力角的余角 $\gamma$ 称为传动角。

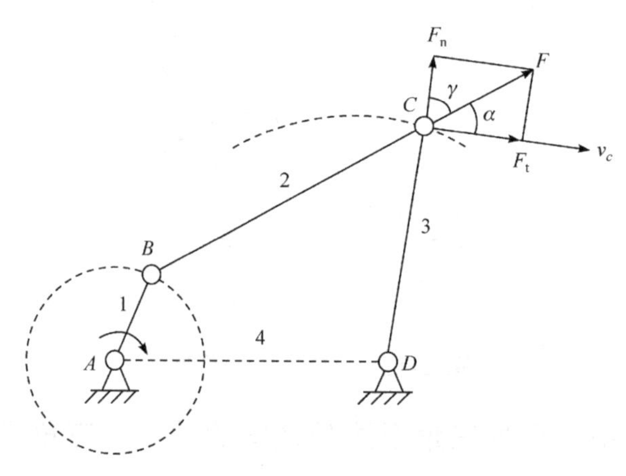


图 2-14　铰链四杆机构的压力角与传动角

1-曲柄；2-连杆；3-摇杆；4-机架

由力的分解可知，$F_t = F\cos\alpha$，说明压力角$\alpha$越小，传动角$\gamma$越大，机构传动性能越好，机构的效率越高。

3) 死点位置

如图2-14所示的铰链四杆机构(曲柄摇杆机构)中，若摇杆*CD*为主动件，曲柄*AB*为从动件，当连杆*BC*与从动曲柄*AB*共线时，此时机构的传动角$\gamma=0°$。这时主动件*CD*通过连杆作用于从动件*AB*上的力恰好通过其转动中心，使曲柄*AB*无法转动，机构所处的这种位置称为死点位置。

为了使传动机构运转顺畅，设计机构时，要尽量避免出现死点位置。例如，家用缝纫机的踏板机构中(图2-4)就存在死点位置，缝纫机的踏板借助皮带轮的惯性，才得以顺利通过死点位置。有时设计机构时，还需利用死点位置来实现特定的工作要求，例如，飞机的起落架机构如图2-15所示，飞机着陆时，构件*BC*和*CD*处于一条直线上，无论机轮所在的摇杆*AB*受多大的力，起落架都不会反转折回。

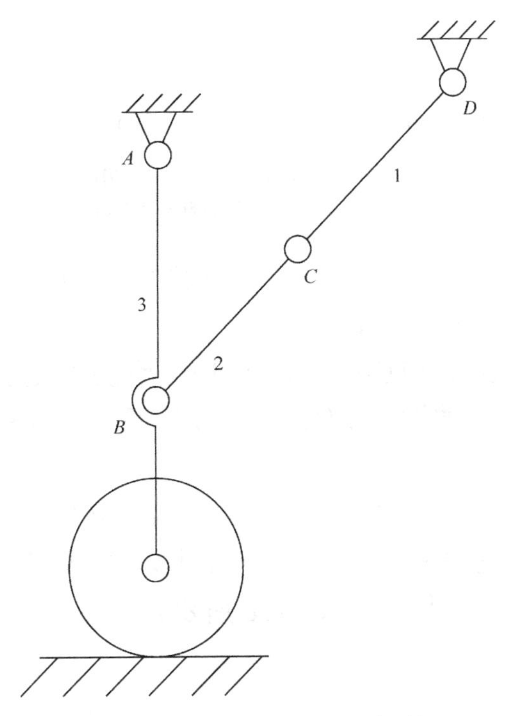


图2-15 飞机的起落架机构
1-摇杆；2-连杆；3-摇杆

## 2.1.2　平面连杆机构的演化

铰链四杆机构可以演化为其他形式的四杆机构，通常采用将转动副演化为移动副、变更机架和扩大转动副的方式。

1. 将转动副演化为移动副

如图 2-16(a)所示的曲柄摇杆机构中，当铰链中心 $C$ 的轨迹以 $D$ 为圆心，在以摇杆 $CD$ 为半径的圆弧 $\widehat{mm}$ 上往复运动时，若摇杆 $CD$ 增至无穷大，$C$ 点的轨迹将变成直线，则曲柄摇杆机构(图 2-16(a))演化成由曲柄、连杆、滑块和机架组成的曲柄滑块机构(图 2-16(b))。

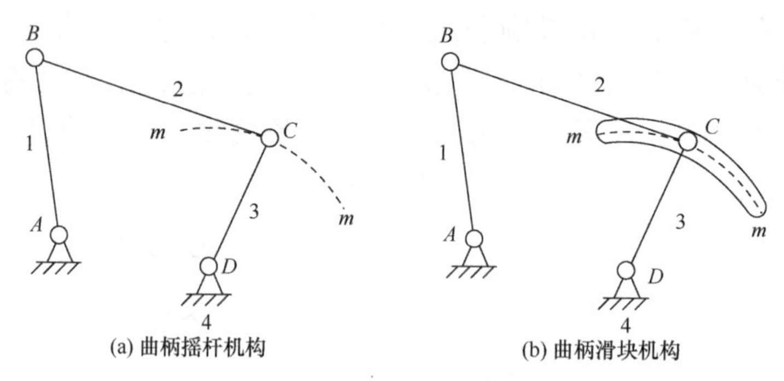


图 2-16　转动副演化为移动副
1-曲柄；2-连杆；3-摇杆；4-机架

在曲柄滑块机构中，若滑块上移动副中心的移动方向线通过曲柄转动中心，则称为对心曲柄滑块机构，如图 2-17(a)所示；否则是偏置曲柄滑块机构，如图 2-17(b)所示。机构中滑块往复运动两极限点间的距离称为滑块行程，如图 2-17(a)中的 $H$；图 2-17(b)中的尺寸 $e$ 称为偏心距[4]。

曲柄滑块机构应用非常广泛，例如，用乐高搭建曲柄滑块机构时，可将 9 孔连杆直接连接在 40 齿圆柱齿轮上，连接 9 孔连杆的齿孔与圆柱齿轮轴心的距离即为曲柄，如图 2-18 所示。

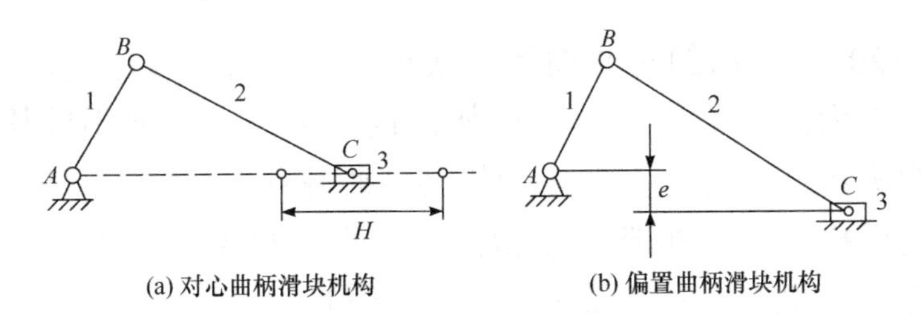


(a) 对心曲柄滑块机构 (b) 偏置曲柄滑块机构

图 2-17 曲柄滑块机构

1-曲柄；2-连杆；3-滑块

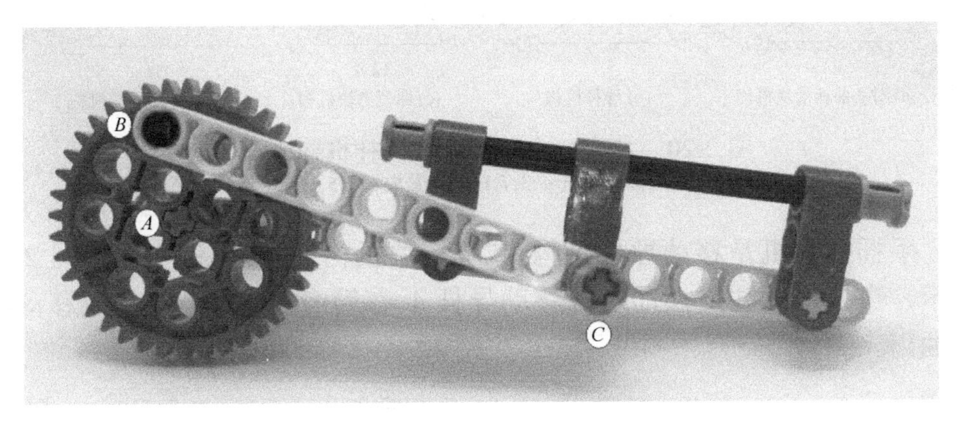


图 2-18 用乐高零件搭建的曲柄滑块机构

### 2. 变更机架

在铰链四杆机构中，曲柄存在的条件与杆的长度及哪个杆为机架或连架杆均相关。如图 2-19(a)所示的曲柄摇杆机构中，构件 1 为曲柄，构件 2 为连杆，构件 3 为摇杆，构件 4 为机架，如果改变机架的位置，将影响各构件的尺寸，进而改变机构形式，若将构件 1 变更为机架，则得到双曲柄机构(图 2-19(b))，若变更构件 3 为机架，则得到双摇杆机构(图 2-19(c))。

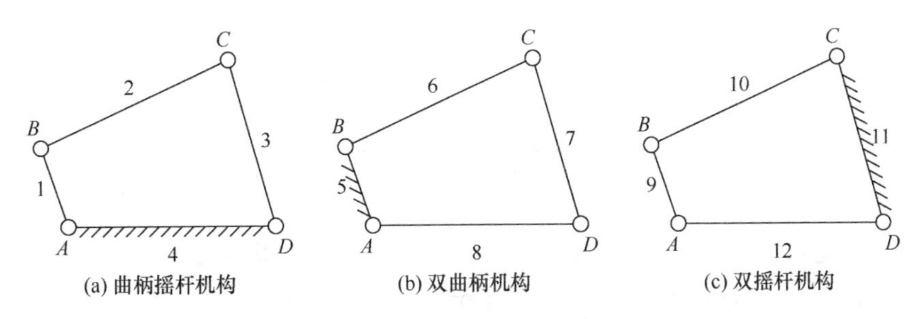


(a) 曲柄摇杆机构 (b) 双曲柄机构 (c) 双摇杆机构

图 2-19 铰链四杆机构的演化

1,6,8-曲柄；2,7,9-连杆；3,10,12-摇杆；4,5,11-机架

如图 2-20(a)所示的对心曲柄滑块机构，构件 1 为曲柄，构件 2 为连杆，构件 3 为滑块，构件 4 为机架，接下来通过选取不同构件为机架得到不同的机构，若变更构件 1 为机架，则得到导杆机构，如图 2-20(b)所示；若变更构件 2 为机架，则得到曲柄滑块机构，如图 2-20(c)所示；若变更构件 3 为机架，则得到移动导杆机构，如图 2-20(d)所示。

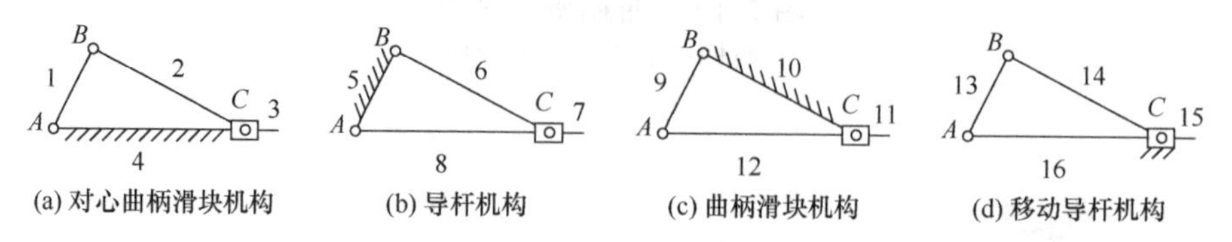


图 2-20　含有一个移动副的四杆机构的演化

1,6,9,13-曲柄；2,12,14-连杆；3,7,11,15-滑块；4,5,10-机架；8,16-导杆

手摇抽水机是移动导杆机构(或称定块机构)的常见例子，如图 2-21 所示，当摇杆 1 往复摆动时，移动导杆 4 在筒身 3(机架)中往复移动将水抽出。

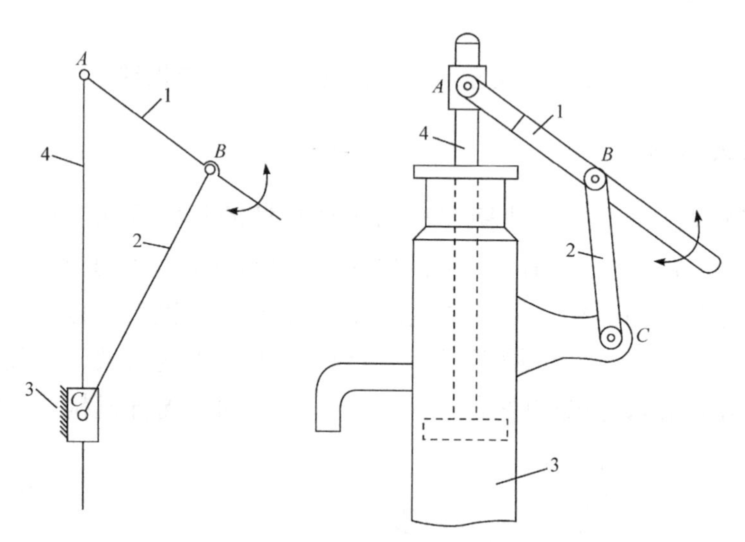


图 2-21　手摇抽水机

1-摇杆；2-连杆；3-筒身(机架)；4-移动导杆

**【例题 2-1】**　如图 2-22 所示的铰链四杆机构中，各杆长度分别为 $l_{AB}$=45mm，$l_{BC}$=100mm，$l_{CD}$=70mm，$l_{DA}$=120mm，试问：

(1)该铰链四杆机构中，是否存在双整转副构件？

(2) 哪个构件为机架时，可获得双摇杆机构？

**解** (1) 双整转副构件的判定。

双曲柄机构具有双整转副，满足的条件是，有曲柄存在，且最短杆为机架。经计算得，$l_{AB}+l_{DA}<l_{BC}+l_{CD}$，可以有曲柄存在，但最短杆 $l_{AB}$ 不是机架。因此，该机构不是双曲柄机构，不存在双整转副构件。

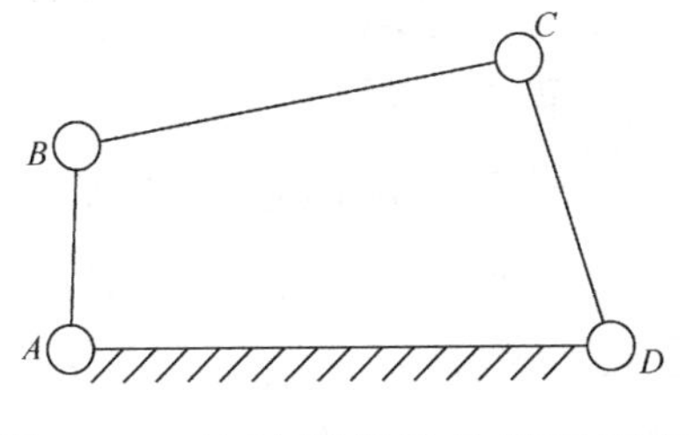

图 2-22 铰链四杆机构类型判定

(2) 双摇杆机构的判定。

该机构有曲柄存在，当取最短杆为连杆时，方可满足双摇杆机构的条件。因此，当取 $l_{CD}$ 为机架时，这时最短杆 $l_{AB}$ 为连杆，可获得双摇杆机构。

3. 扩大转动副

如图 2-23(a) 所示，当曲柄滑块的行程很小，曲柄 *AB* 的长度很短，*B* 点的铰链尺寸较大时，可做成偏心轮机构。这时，曲柄变成一个几何中心为 *B*，回转中心为 *A* 的偏心圆盘，如图 2-23(b) 所示，偏心轮机构的运动形式与曲柄滑块机构相同。

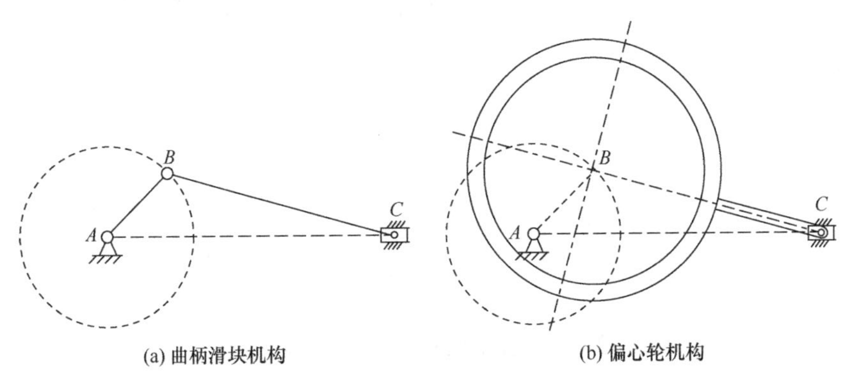

(a) 曲柄滑块机构 (b) 偏心轮机构

图 2-23 扩大转动副

### 2.1.3 平面连杆机构的设计

平面连杆机构的设计要求主要有三类问题：①实现给定连杆位置的设计，即已知连杆的两个位置及机架铰链点的位置，要求连杆能顺序占据一系列预定位置的设计问题，此种设计也称为刚体引导机构的设计；②实现预定运动规律的设计，即设计的主、从动连架杆之间的运动关系能满足若干对应位置关系；③实现预定轨迹的设计，即要求所设计构件上的某点符合预定的轨迹要求。

平面连杆机构的设计方法有图解法、解析法和计算机辅助设计法。①图解法，首先绘出机构的运动简图，再从运动简图上量取机构的尺寸，进而设计出机构。②解析法，即运用解析表达式，得出所要设计的构件尺寸和给定的已知条件之间的关系，最终通过对解析表达式的求解，获得机构构件的尺寸，完成机构的设计。③计算机辅助设计法，即运用三维机械设计软件 SolidWorks、Pro/Engineer 等进行机构设计的方法。图解法和解析法在此不做详细介绍，有兴趣的读者可参阅相关教材。接下来通过两个示例简要介绍计算机辅助设计法。

**【例题 2-2】**　实现给定连杆位置的设计。

设计问题描述：已知活动铰链中心 $B$、$C$ 的三个对应位置(已知连杆预定的三个位置 $B_1C_1$、$B_2C_2$、$B_3C_3$)，如图 2-24 所示，$B_1C_1$、$B_2C_2$、$B_3C_3$ 分别与水平方向的夹角为 26°、10° 和 7°，$B_1C_1$、$B_2C_2$、$B_3C_3$ 的长度均为 38mm，$B_2$ 距离 $B_1$ 的水平距离为 14.5mm，垂直距离为 1mm；$B_3$ 距离 $B_1$ 的水平距离为 20mm，垂直距离为 5mm。求解固定铰链中心 $A$、$D$ 的位置。

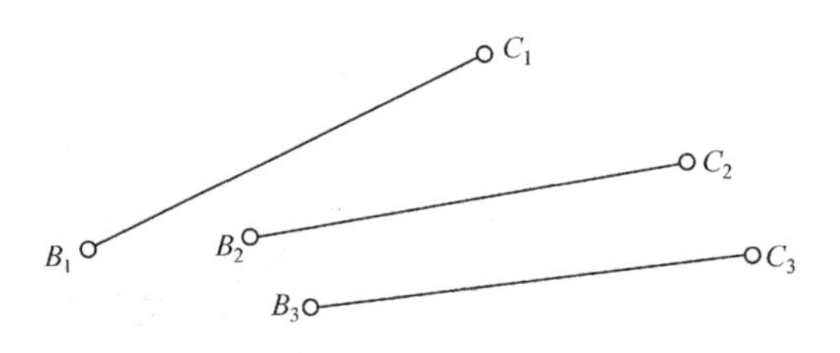


图 2-24　已知连杆预定的三个位置

**解**　(1) 绘制水平线。新建“零件”(图 2-25)，选择“前视基准面”，进入“布局”工具( )，单击绘制直线工具中的“中心线”工具(图 2-26)，以原点为起始点，绘制水平线，如图 2-27 所示。

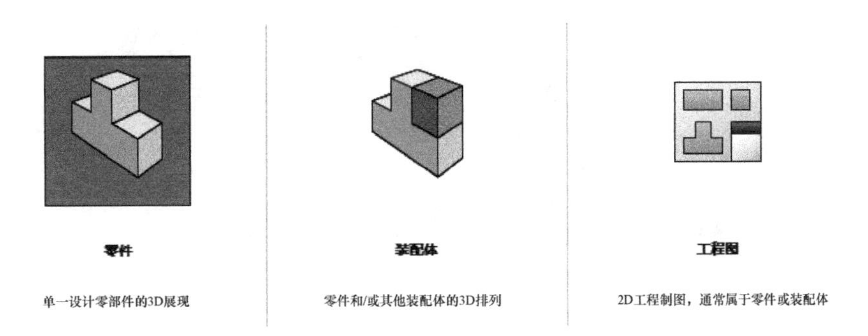


图 2-25　新建“零件”

图 2-26　单击“中心线”工具　　图 2-27　绘制水平线

(2) 绘制连杆的第一个位置。单击“直线”工具，从原点出发绘制连杆的第一个位置 $B_1C_1$，单击“智能尺寸”工具（ ），标注 $B_1C_1$ 与水平方向的夹角为26°，$B_1C_1$ 的长度为 38mm，如图 2-28 所示。

(3) 绘制连杆的第二个位置。单击“中心线”工具，绘制连杆的第二个位置 $B_2C_2$，单击“智能尺寸”工具，标注 $B_2$ 距离 $B_1$ 的水平距离为 14.5mm，垂直距离为 1mm，$B_2C_2$ 与水平方向的夹角为10°，选择 $B_1C_1$ 和 $B_2C_2$，添加几何约束“使相等”（ ），如图 2-29 所示。

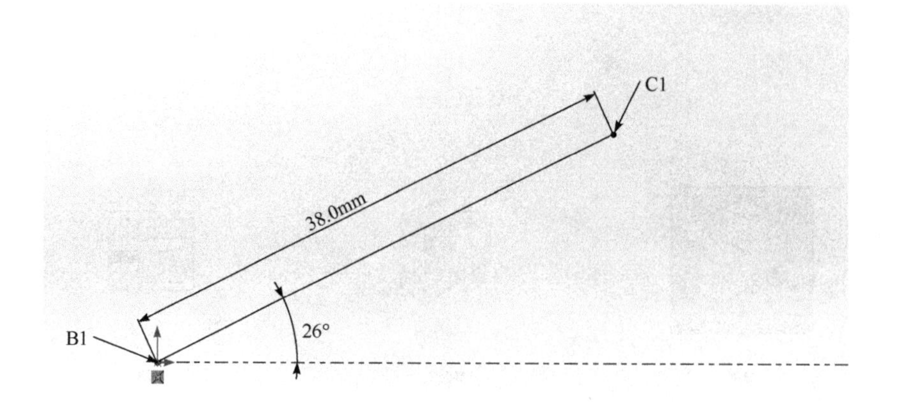


图 2-28　绘制连杆的第一个位置

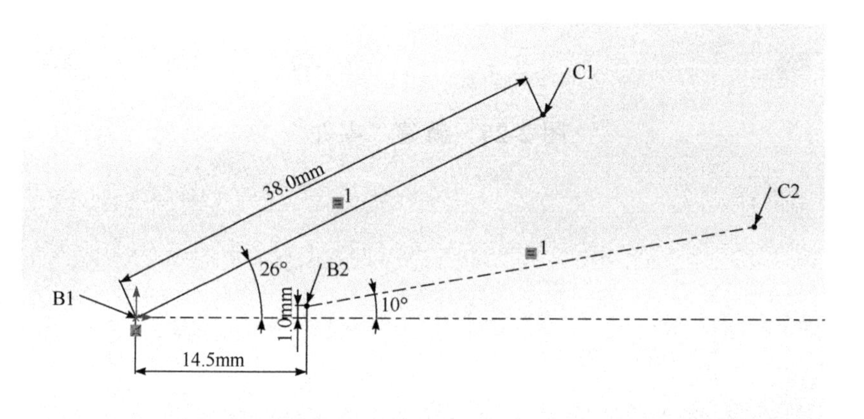


图 2-29　绘制连杆的第二个位置

(4) 绘制连杆的第三个位置。单击“中心线”工具，绘制连杆的第三个位置 $B_3C_3$，单击“智能尺寸”工具，标注 $B_3$ 距离 $B_1$ 的水平距离为 20mm，垂直距离为 5mm，$B_3C_3$ 与水平方向的夹角为 7°，选择 $B_1C_1$ 和 $B_3C_3$，添加几何约束“使相等”，如图 2-30 所示。

(5) 求解点 $A$ 和 $D$ 的位置。单击绘制圆工具中的“周边圆”工具（图 2-31），分别经过点 $B_1$、$B_2$、$B_3$ 和 $C_1$、$C_2$、$C_3$ 绘制两个圆，两个圆的圆心分别是点 $A$ 和 $D$，如图 2-32 所示。

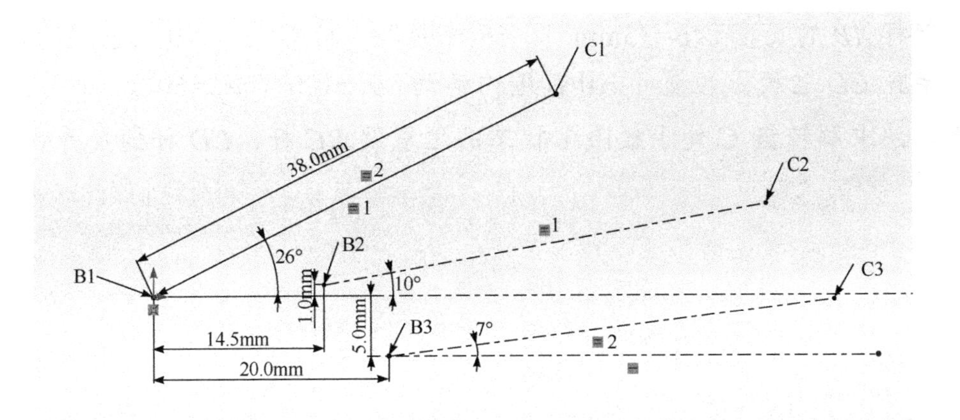


图 2-30 绘制连杆的第三个位置

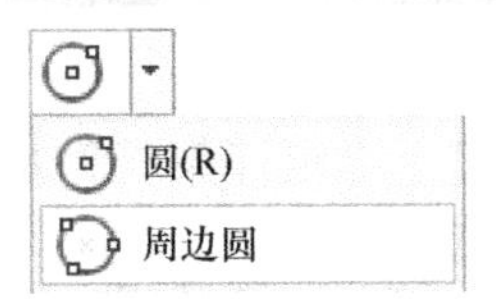


图 2-31 单击“周边圆”工具

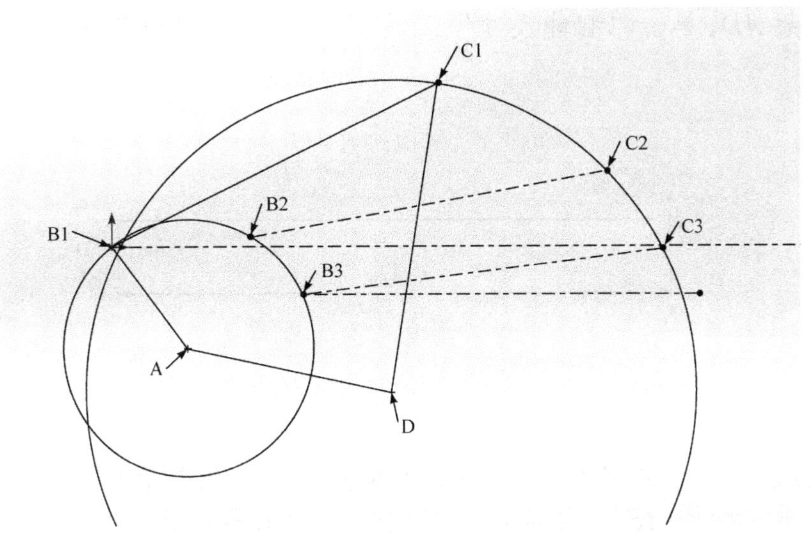


图 2-32 解出点 *A* 和 *D* 的位置

**【例题 2-3】** 实现给定连架杆对应位置的设计。

设计问题描述：已知固定铰链 *A*、*D* 的位置(机架尺寸，*AD*=70mm)、

连架杆 $AB$ 的长度（$AB$=35mm）及 $AB$ 杆的两个位置（$\alpha_1$=150°，$\alpha_2$=100°），连架杆 $CD$ 在极限位置 Ⅰ、Ⅱ范围内活动（$\psi_1$=120°，$\psi_2$=60°），如图 2-33 所示，求解铰链 $C$ 处于极限 Ⅰ 状态的位置及 $BC$ 杆、$CD$ 杆的尺寸。

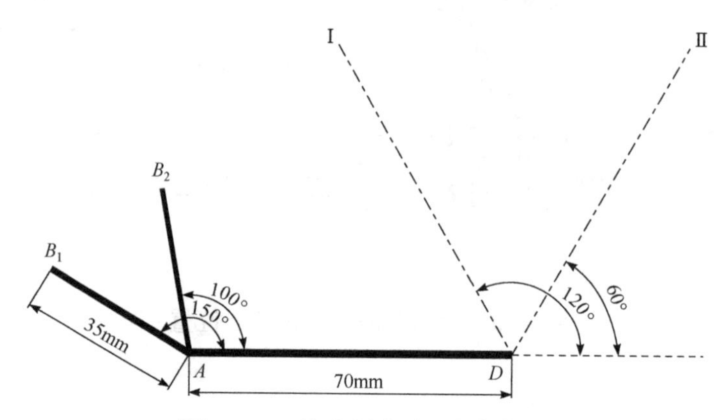


图 2-33　给定连架杆对应位置

**解**　(1) 绘制机架 $AD$。新建“零件”，选择“前视基准面”，进入“布局”工具，单击绘制直线工具中的“直线”工具，以原点为起始点，绘制机架 $AD$，单击“智能尺寸”工具，标注 $AD$ 长度为 70mm，如图 2-34 所示。

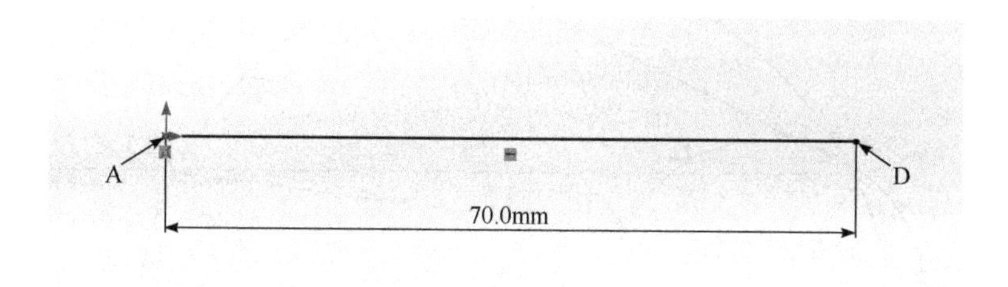


图 2-34　绘制机架 $AD$

(2) 绘制已知连架杆 $AB$ 的两个位置。单击绘制直线工具中的“直线”工具，绘制 $AB_1$，并单击“智能尺寸”工具，标注 $AB_1$ 的尺寸及角度，$AB_1$=35mm，$\angle B_1AD=150°$，单击绘制直线工具中的“中心线”工具，绘制 $AB_2$，并单击“智能尺寸”工具，标注 $AB_2$ 的尺寸及角度，选择 $AB_1$、$AB_2$，添加几何约束“使相等”，$\angle B_2AD=100°$，如图 2-35 所示。

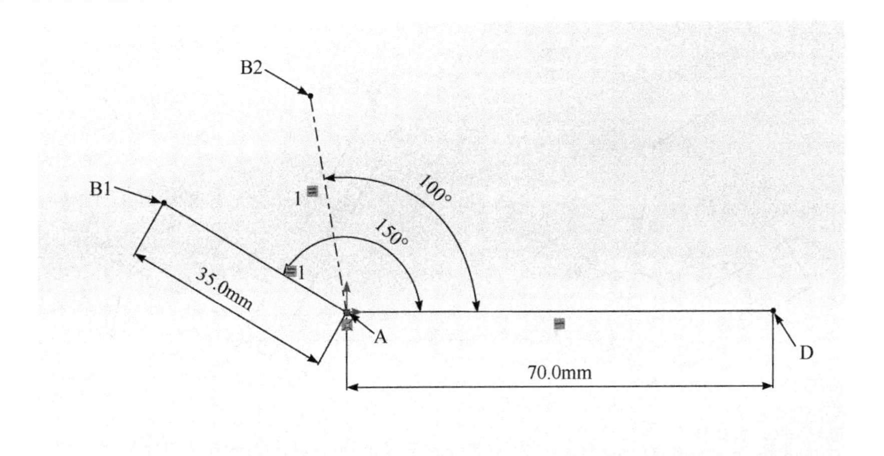


图 2-35 绘制已知连架杆 *AB* 的两个位置

(3) 绘制连架杆 *CD* 的极限位置Ⅰ、Ⅱ。单击绘制直线工具中的“中心线”工具，绘制 *CD* 的两个极限位置所在的直线Ⅰ、Ⅱ(线可以画长一些)，选择直线Ⅰ、Ⅱ，添加几何约束“使相等”，并单击“智能尺寸”工具，标注角度，如图 2-36 所示。

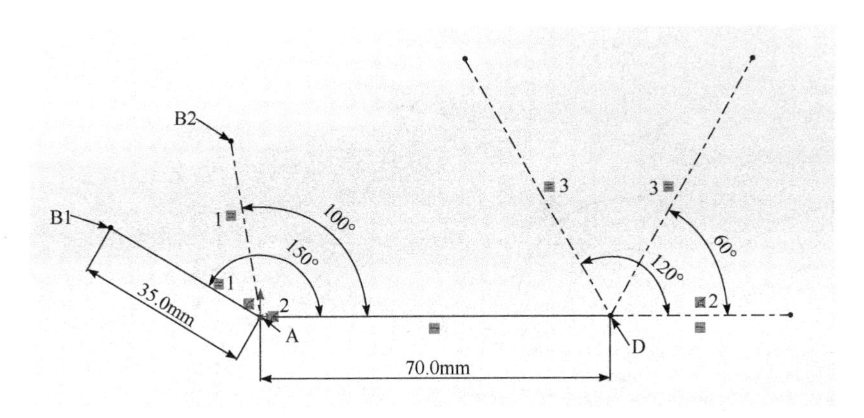


图 2-36 绘制连架杆 *CD* 的极限位置Ⅰ、Ⅱ

(4) 绘制任意点 *E*。在直线Ⅰ、Ⅱ上任选两点 $E_1$、$E_2$，单击绘制直线工具中的“直线”工具，绘制 $DE_1$，单击绘制直线工具中的“中心线”工具，绘制 $DE_2$，并单击“智能尺寸”工具，标注 $DE_1=DE_2$=50mm，如图 2-37 所示。

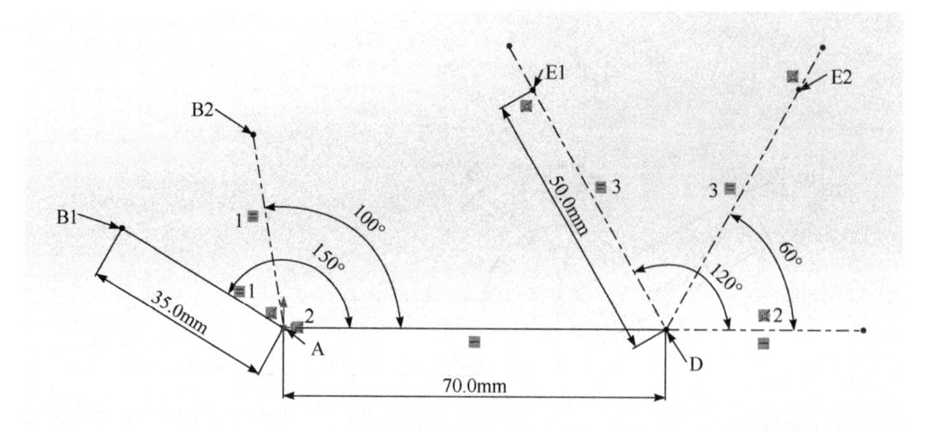


图 2-37　绘制任意点 $E$

(5)反转机架求 $B_2'$。单击绘制直线工具中的“中心线”工具，连接 $B_2D$、$B_2E_2$，绘制 $E_1B_2'$、$DB_2'$；选择 $B_2D$、$DB_2'$，添加几何约束“使相等”；选择 $B_2E_2$、$E_1B_2'$，添加几何约束“使相等”；从而求得点 $B_2'$ 的位置，如图 2-38 所示。

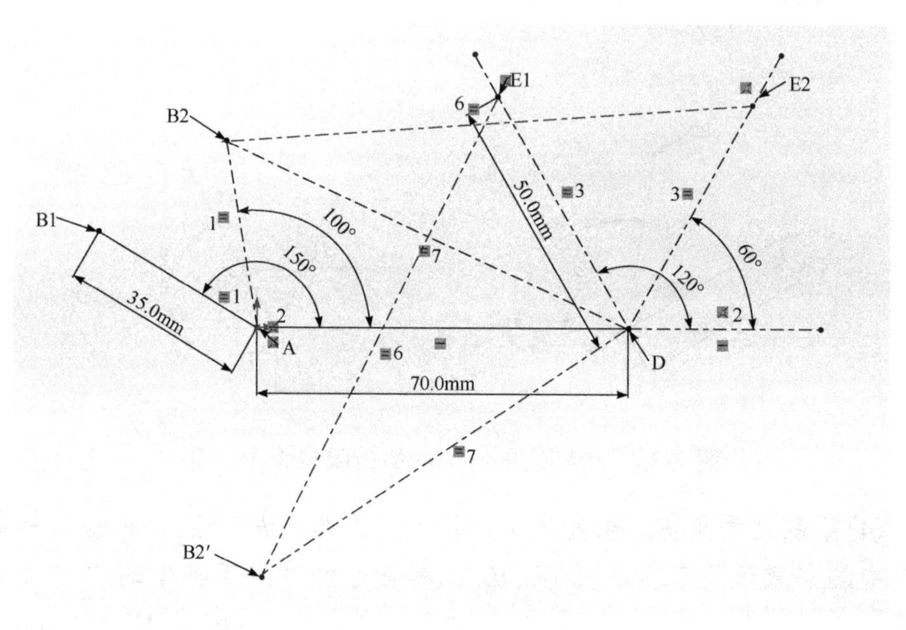


图 2-38　反转机架求 $B_2'$

(6) 求得铰链 $C$ 的位置。单击绘制直线工具中的“中心线”工具，绘制 $B_1C$、$CB_2'$（点 $C$ 落在直线Ⅰ上）；选择 $B_1C$、$CB_2'$，添加几何约束“使相等”，从而求得点 $C$ 的位置，如图 2-39 所示。

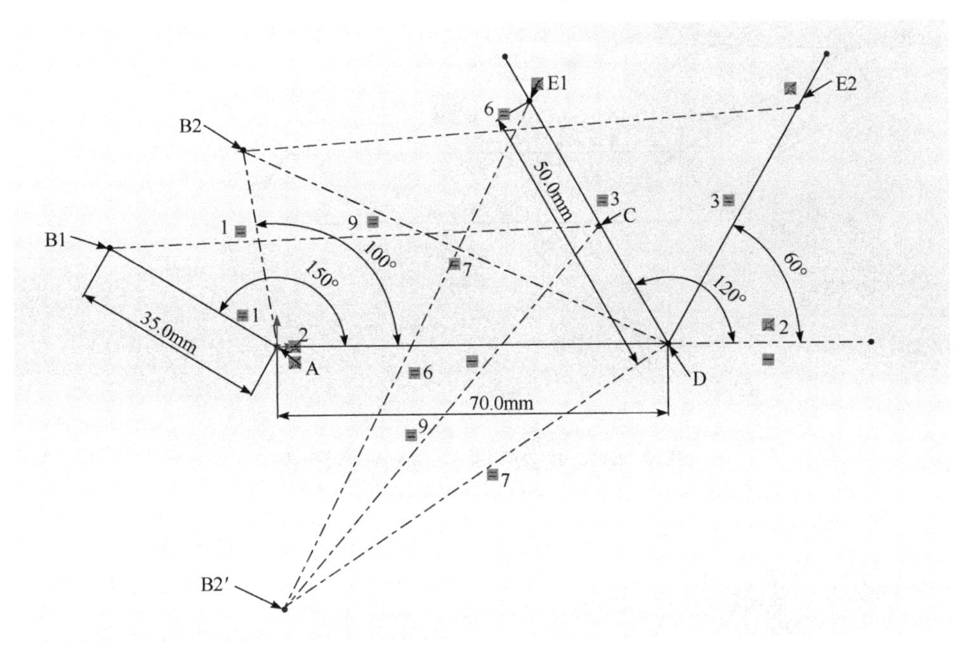


图 2-39　求得铰链 $C$ 的位置

(7) 求 $BC$ 杆、$CD$ 杆的尺寸。单击“评估”模块的测量工具，选择“点到点”工具（），分别测量得出 $B_1C$ 和 $CD$ 的长度，$B_1C$=88.4mm，$CD$=23.9mm，如图 2-40 所示。

**【综合练习 2-1】**　设计折叠椅。

设计要求：设计一款适合学校使用的折叠椅，并绘制出机构运动简图，搭建折叠椅原型。

项目说明：轻便、可叠放的折叠椅不仅节省了空间，也为人们的生活带来了便利。从结构设计的角度，折叠椅多采用铰链四杆机构，如图 2-41 所示，设计时要着重考虑椅子被折叠和打开时，相应连杆所在的位置。

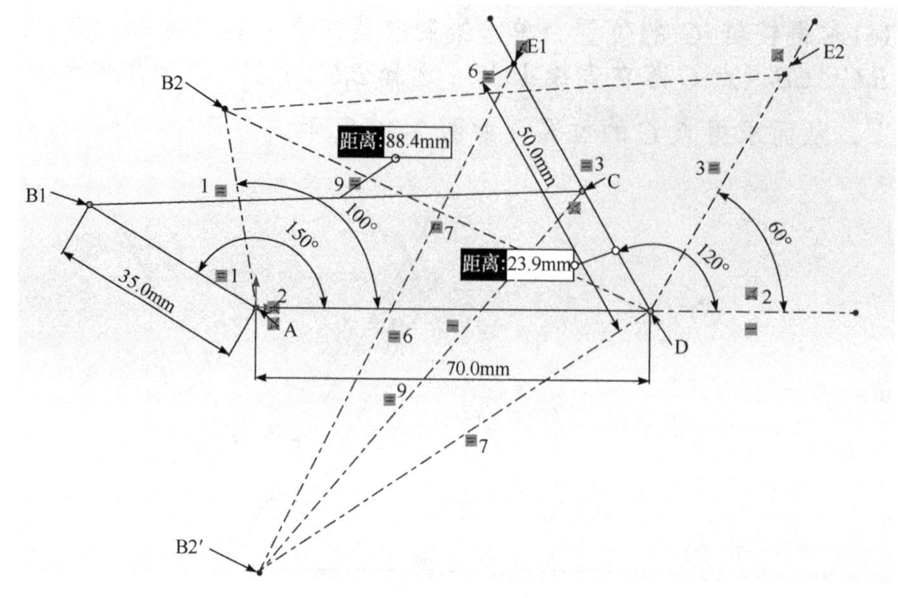


图 2-40　求 *BC* 杆、*CD* 杆的尺寸

(a) 整体效果

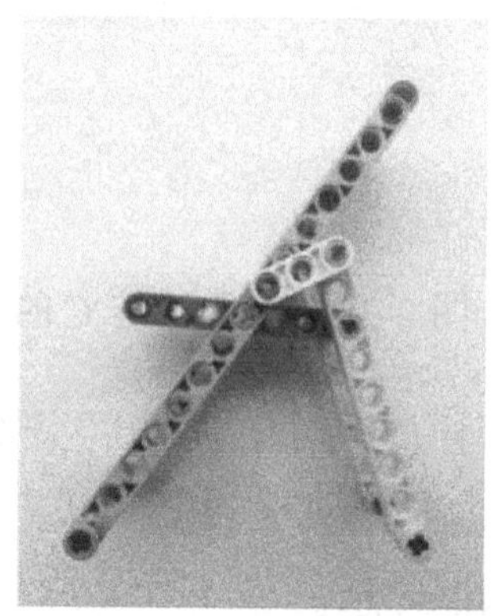
(b) 侧面打开后的效果

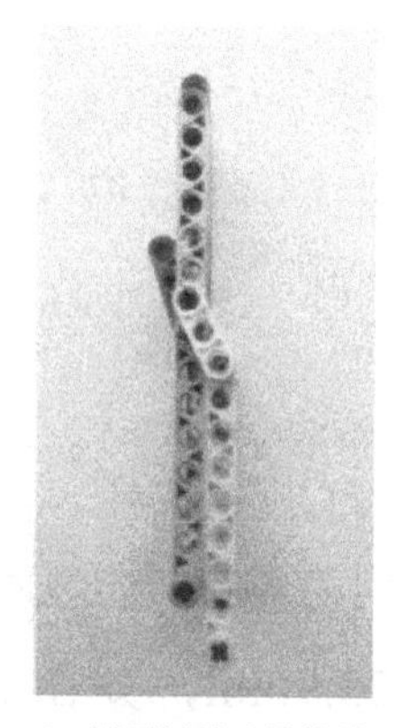
(c) 侧面折叠后的效果

图 2-41　用乐高零件搭建的折叠椅

**【综合练习 2-2】**　设计一款具有展开和折叠特性的儿童玩具。

设计要求：运用平面剪式机构，设计一款结构简单、娱乐性强的儿童玩具。

项目说明：平面剪式机构是一种利用平行四边形原理，通过连杆铰链，实现展开和折叠功能的机构。平面剪式机构由多个平面剪式单元构成，每个平面剪式单元由两个杆件通过销钉连接成剪刀状，每个杆件都是平面剪式单元的一个剪臂，如图2-42所示。例如，升降台主要由平台、底座和台架等组成。剪式升降台的台架由单个平面剪式单元或多个平面剪式单元构成，如图2-43所示。

图2-42　平面剪式单元

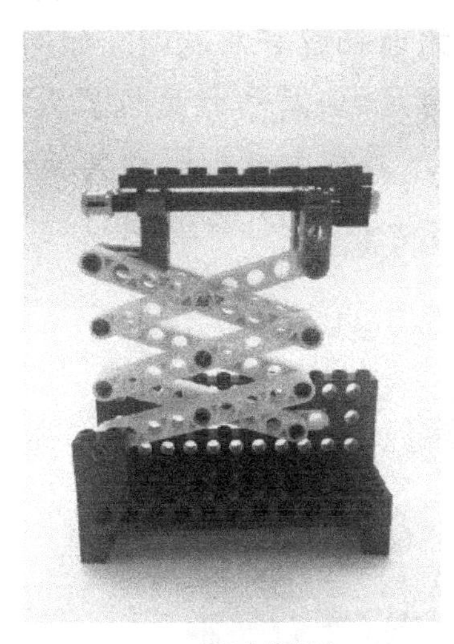

(a) 升降台收起时

(b) 升降台升起时

图2-43　用乐高零件搭建的剪式升降台原型

**【综合练习 2-3】** 设计一款趣味萨鲁斯机构。

设计要求：设计一款趣味萨鲁斯机构，要求受力合理、稳定可靠。

项目说明：萨鲁斯机构是一种只有一个自由度的机械结构[5]，通过自身机构中各个杆件的相互作用实现直线运动，如图 2-44 所示。

(a) 折叠时

(b) 打开中

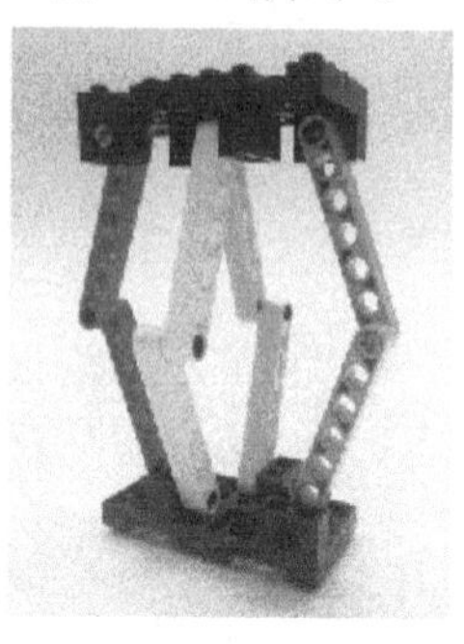

(c) 最终效果

图 2-44 用乐高零件搭建的萨鲁斯机构

**【综合练习 2-4】** 设计一款步行机器人的腿部结构。

设计要求：设计一款步行机器人的腿部结构，要求受力合理、稳定可靠。

项目说明：步行机器人是模拟人类用两条腿走路的机器人。切比雪夫连杆机构是一类一杆伸出铰链式的曲柄摇杆机构[6]，如图 2-45 所示。切比雪夫连杆机构经常被用于设计两足、四足和六足机器人的腿部机构，如图 2-46 所示，作为原动件的曲柄，通常由电机驱动其转动。

图 2-45 用乐高零件搭建的切比雪夫连杆机构

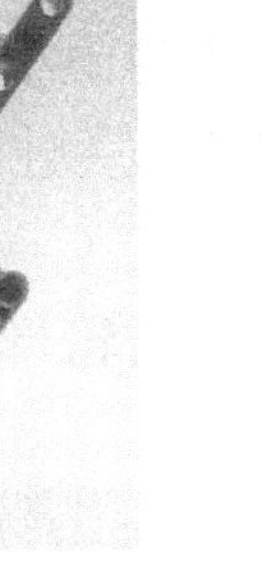
(a) 腿向前迈出

(b) 腿着地

(c) 腿落在后面

图 2-46　用乐高零件搭建的步行机器人腿部机构

# 2.2　凸轮机构

凸轮机构是能够实现预期复杂运动规律要求的高副机构。本节主要介绍凸轮机构的基本类型、从动件的运动规律及特性。

## 2.2.1　凸轮机构的组成与分类

凸轮机构是一个具有曲线轮廓或凹槽的机构，是由凸轮、从动件和机架三个构件组成的高副机构。凸轮机构中的凸轮通常作为原动件，凸轮转动转化成从动件的往复运动或摆动。如冲孔机床的凸轮机构，随着凸轮 1 的转动，推动推杆 2 往复移动，作用到弹簧 3 上，弹簧 3 压到冲击工具 4 上，冲击工具 4 穿透产品，如图 2-47 所示。

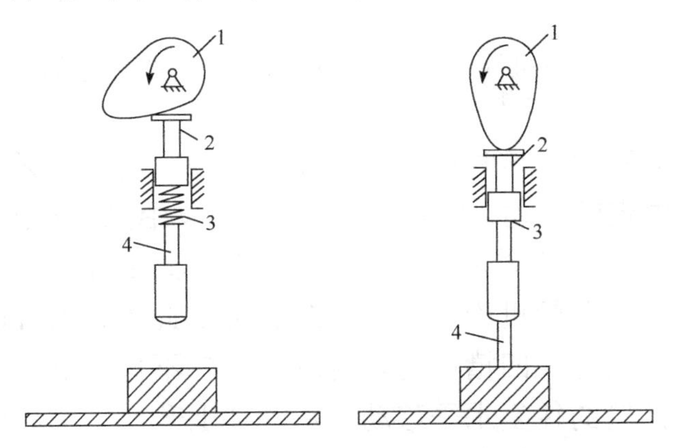


图 2-47　冲孔机床的凸轮机构
1-凸轮；2-推杆；3-弹簧；4-冲击工具

凸轮机构的优点是，只需设计出适当的凸轮轮廓，便可使从动件完成所需的运动，与连杆机构相比，凸轮机构结构简单、运行稳定、设计方便。它的缺点是，凸轮与从动件是点接触或线接触，容易磨损，此外，凸轮的加工制造难度较大、成本较高。

凸轮机构通常有三种分类形式，分别是按凸轮形状分类、按从动件的形状分类和按从动件的运动规律分类。

1. 按凸轮形状分类

(1) 盘形凸轮机构。在这种凸轮机构中，凸轮是一个绕定轴转动的具有径向尺寸变化的盘形构件，如图 2-48 所示，凸轮 1 绕轴 2 转动，从动件 3 沿直线上下移动。用乐高零件搭建的盘形凸轮机构如图 2-49 所示。

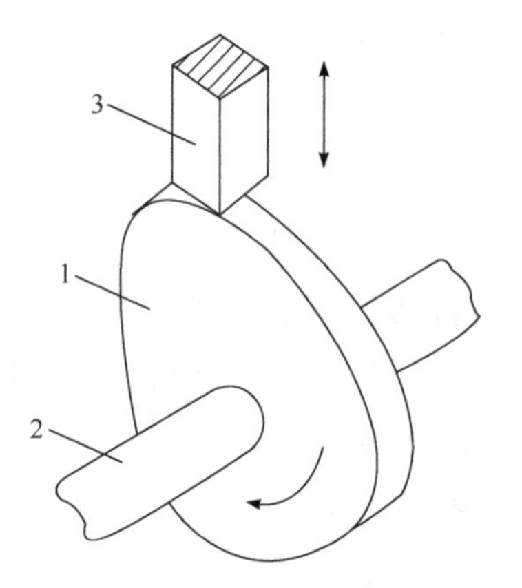


图 2-48　盘形凸轮机构
1-凸轮；2-轴；3-从动件

图 2-49　用乐高零件搭建的盘形凸轮机构

(2) 移动凸轮机构。这种凸轮可被视为一种回转中心无穷远的盘形凸轮，凸轮不再做定轴转动，而是做直线移动。如图 2-50 中的凸轮 1 做往复水平直线运动，从动件 2 做上下运动。在乐高零件中，可用弧形砖和弧形拱砖搭建移动凸轮机构，如图 2-51 所示。此外，还可运用 2×4 直角连杆和单弯连杆搭建成凹槽凸轮，这时的凸轮不再是盘形，而是一个凹槽，随着凹槽凸轮的往复水平移动，从动件上升或下降，如图 2-52 (a)、(b) 所示。

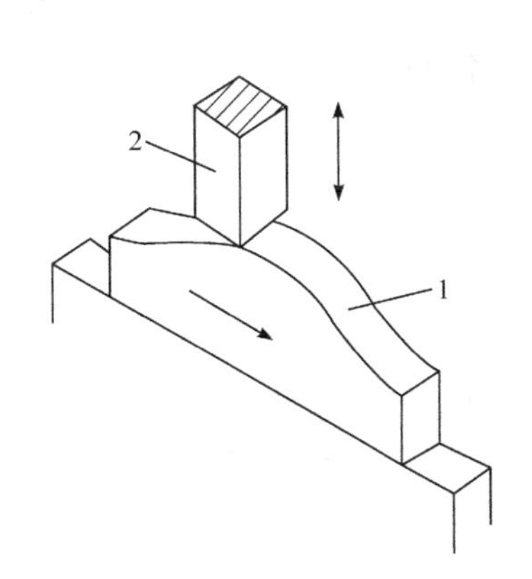


图 2-50 移动凸轮机构
1-凸轮；2-从动件

图 2-51 用乐高零件搭建的移动凸轮机构

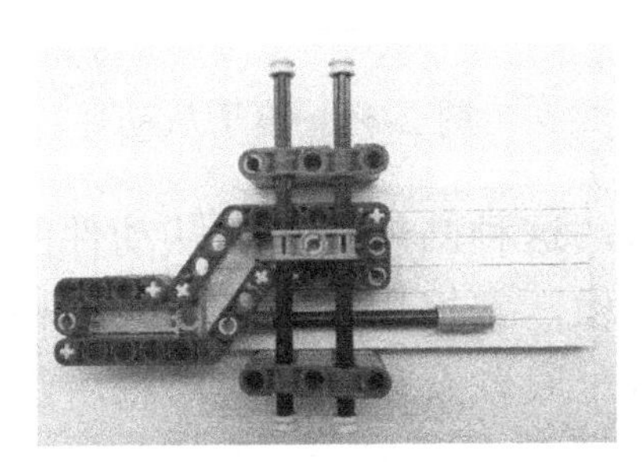

(a) 从动件上升

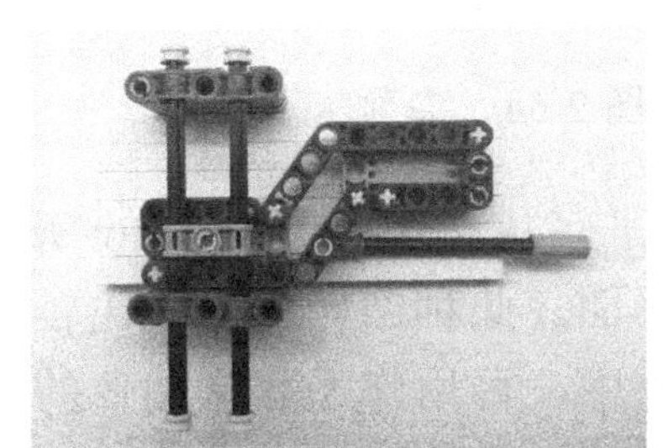

(b) 从动件下降

图 2-52 用乐高零件搭建的凹槽凸轮

(3) 圆柱凸轮机构。这种凸轮可被视为将移动凸轮卷在圆柱上而形成的，如图 2-53 所示，由于圆柱凸轮中的凸轮与从动件的运动平面不平行，因此圆柱凸轮是一种空间运动机构。

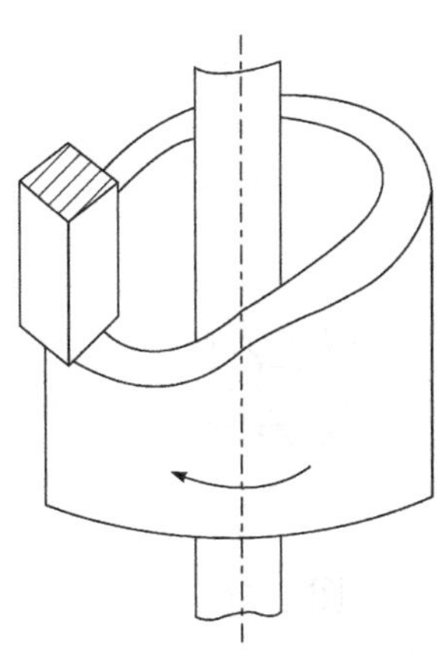

图 2-53 圆柱凸轮机构

2. 按从动件的形状分类

(1) 尖顶从动件。如图 2-54 所示，从动件与凸轮的尖顶是点接触。这种凸轮能实现较为精确和复杂的运动，但也易于磨损，只适用于低速和传动灵敏的场合，如仪器仪表中的记录仪。

(2) 滚子从动件。如图 2-55 所示，为了减小尖顶从动件尖端的磨损，用滚子替代了尖顶，滚子与凸轮尖的滚动摩擦有效地降低了摩擦损耗，使凸轮能承受更大的载荷。

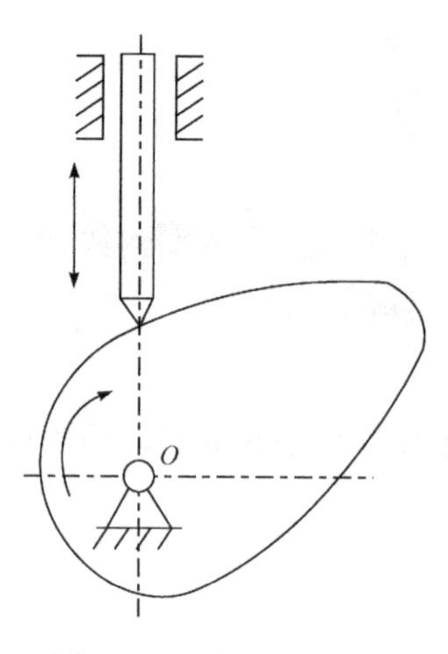


图 2-54　尖顶从动件

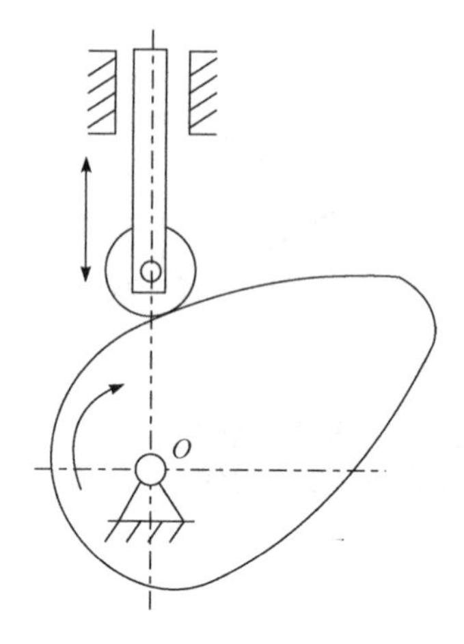


图 2-55　滚子从动件

(3) 平底从动件。如图 2-56 所示，这种凸轮机构的从动件的端部被做成了平面。此种凸轮的受力比较平稳，常被用于高速凸轮机构中。在乐高零件中，可用作平底从动件的有平底轴及用轴和大滑轮所组成的部件，如图 2-57 所示。

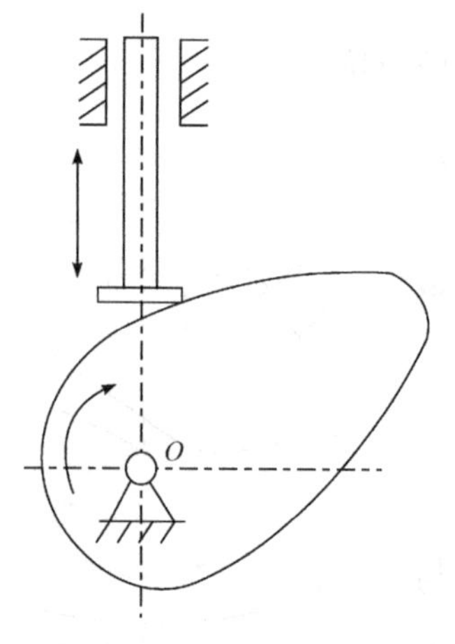


图 2-56　平底从动件

图 2-57　用乐高零件搭建的平底从动件

3. 按从动件的运动规律分类

凸轮机构按从动件的运动规律可分为两类：第一类是从动件做往复直线运动的直动从动件凸轮机构；第二类是从动件做往复摆动的摆动从动件凸轮机构，图 2-58(a)、(b)为从动件做往复摆动时的两个状态。在直动从动件盘形凸轮机构中，如果从动件的运动轨迹与凸轮回转中心在同一直线上，则称为对心直动从动件盘形凸轮机构，如图 2-59 所示，否则称为偏置直动从动件盘形凸轮机构，如图 2-60 所示。

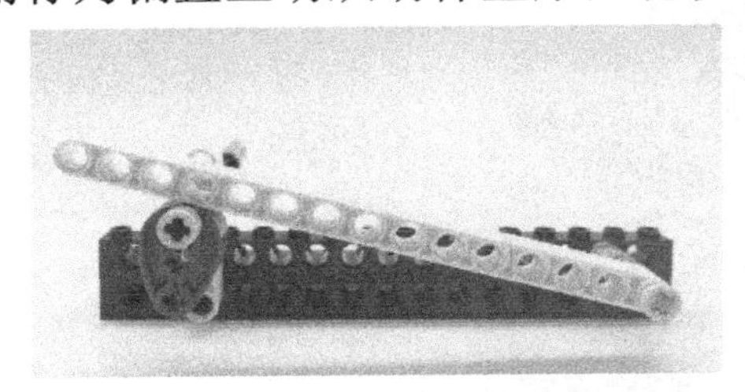

(a) 摆动位置1

(b) 摆动位置2

图 2-58 用乐高零件搭建的摆动从动件凸轮机构

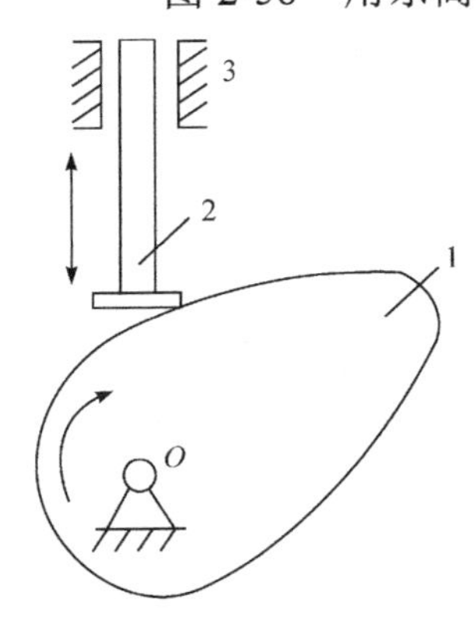


图 2-59 对心直动从动件盘形凸轮机构
1-凸轮；2-从动件；3-机架

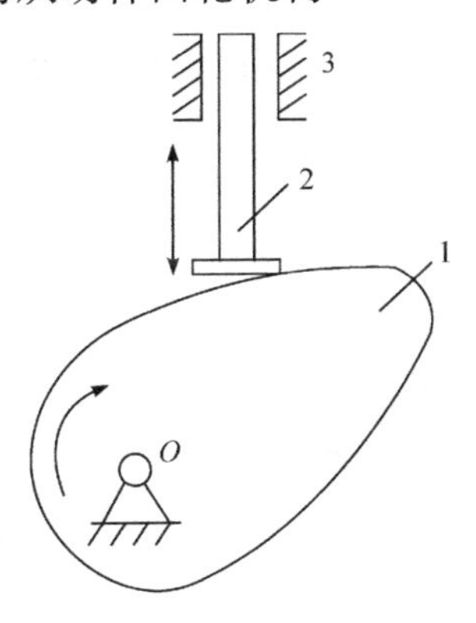


图 2-60 偏置直动从动件盘形凸轮机构
1-凸轮；2-从动件；3-机架

## 2.2.2 凸轮机构的工作循环

设计凸轮机构的主要目的是实现从动件的位移、速度及加速度的运动要求。凸轮机构的设计涉及较多的知识，超出本书的范围，有兴趣的读者可阅读与之相关的教材。下面仅对用乐高零件搭建的对心平底直动从动件盘形凸轮机构的几个基本参数和工作循环进行简要介绍，如图 2-61 和

图 2-62 所示。

图 2-61　用乐高零件搭建的对心平底直动从动件盘形凸轮机构

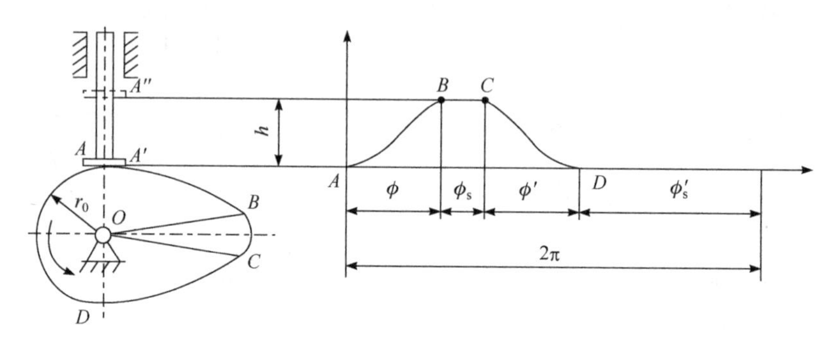


图 2-62　对心平底直动从动件盘形凸轮的基本运动过程

(1) 基圆。以凸轮的转动中心 $O$ 为圆心，以最小向径 $r_0$ 为半径所做的圆称为基圆，其中 $r_0$ 为基圆半径。

(2) 推程与推程角。将基圆与凸轮轮廓曲线的交点标记为 $A$，此时将从动件与凸轮的交点标记为 $A'$，且点 $A$ 与点 $A'$ 重合，当凸轮经 $AB$ 转动到向径最大的点 $B$ 时，从动件从最低位置点 $A'$ 上升到最高位置点 $A''$，从动件从最低位置点 $A'$ 上升到最高位置点 $A''$ 的过程称为推程或升程，推程

$A'A''$用$h$表示，与之对应的凸轮转角$\phi$称为推程角。

(3) 远休止角。凸轮继续转动，当凸轮转至圆弧$BC$段时，从动件始终处于最高位置点$A''$静止不动，与之对应的凸轮转角$\phi_s$称为远休止角。

(4) 回程与回程角。凸轮继续转动，当从动件接触凸轮圆弧$CD$段时，从动件从最高位置点$A''$返回到最低位置点$A'$，从动件下降的过程称为回程，与之对应的凸轮转角$\phi'$称为回程角。

(5) 近休止角。凸轮继续转动，当从动件接触凸轮向径最小的圆弧$AD$段时，从动件始终处于最低位置点$A'$静止不动，与之对应的凸轮转角$\phi_s'$称为近休止角。

显然，凸轮持续转动时，从动件重复上述上升—静止—下降—静止的工作循环。从动件位移线图描述了从动件位移$s$、速度$v$、加速度$a$与时间$t$之间的关系，在这个运动循环中，推程角$\phi$、远休止角$\phi_s$、回程角$\phi'$和近休止角$\phi_s'$之和为360°。

**【综合练习 2-5】** 设计一款 Automata 玩具。

设计要求：运用凸轮机构，设计一款结构简单、娱乐性强的 Automata 玩具。

项目说明：Automata 是指自动机械装置，图 2-63(a)、(b)就是用乐高零件搭建的一款 Automata 玩具的两个运动状态。在设计 Automata 玩具时，设计者先绘制草图以表达自己的设计构思，然后按照草图(除了直接利用乐高零件，还可以利用木头、亚克力、纸板等材料)自行制作零件并拼装。

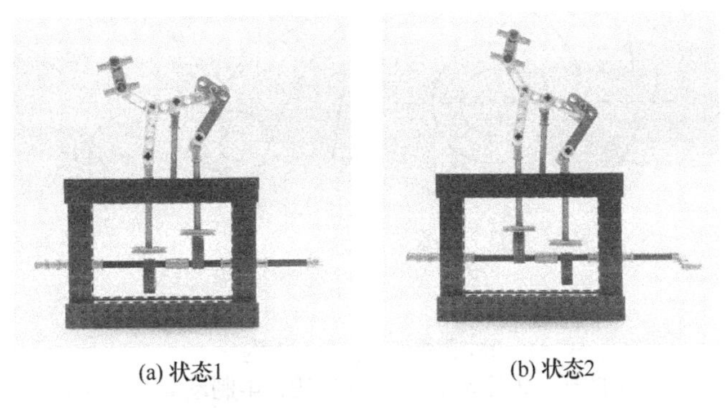

(a) 状态1　(b) 状态2

图 2-63 用乐高零件搭建的 Automata 玩具

# 2.3　棘轮与槽轮

机械中当主动件做连续运动，而从动件做周期性的运动和停歇时，这样的机构称为间歇机构，棘轮和槽轮是具有代表性的间歇机构。

## 2.3.1　棘轮机构

棘轮机构的目的是使机构进行周期性持续运动的同时避免反转，棘轮机构主要由主动件摆杆 1、驱动棘爪 2、棘轮 3、制动棘爪 4、机架 5 构成，如图 2-64 所示。主动件摆杆 1 空套在与棘轮 3 固连的从动轴上，并与驱动棘爪 2 用转动副相连。当主动件摆杆 1 逆时针摆动时，驱动棘爪 2 插入棘轮 3 中，带动棘轮 3 转动。此时，制动棘爪 4 在棘轮 3 的齿背上滑动。当主动件摆杆 1 顺时针转动时，制动棘爪 4 阻止棘轮 3 转动，驱动棘爪 2 在棘轮 3 齿背上滑过，此时棘轮 3 静止不动。

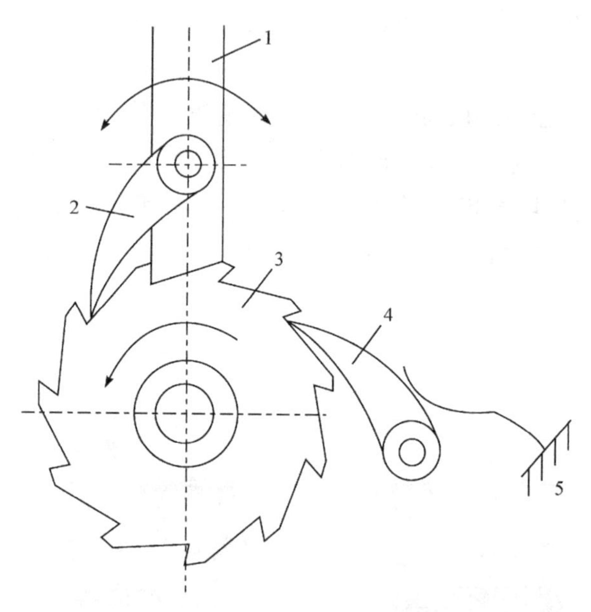


图 2-64　棘轮机构

1-主动件摆杆；2-驱动棘爪；3-棘轮；4-制动棘爪；5-机架

棘轮机构按结构分为齿式棘轮机构(图 2-64)和摩擦式棘轮机构(图 2-65)。摩擦式棘轮机构由偏心扇形楔块或滚子替代了齿式棘轮机构的棘爪。齿式棘轮机构根据棘爪与棘轮间安装位置的不同分为外啮合棘轮机构(图 2-64)和内啮合棘轮机构(图 2-66)。棘轮机构根据从动件运动形式可分为单动式棘轮机构、双动式棘轮机构和双向式棘轮机构。单动式棘轮机构是指主动件向某一方向运动，从动件做间歇运动，如利用齿条作为从动件实现单向间歇移动，如图 2-67 所示。双动式棘轮机构是指安装两个驱动棘爪推动棘轮转动。双向式棘轮机构是指通过改变棘爪的摆动方向实现棘轮向两个方向的转动。

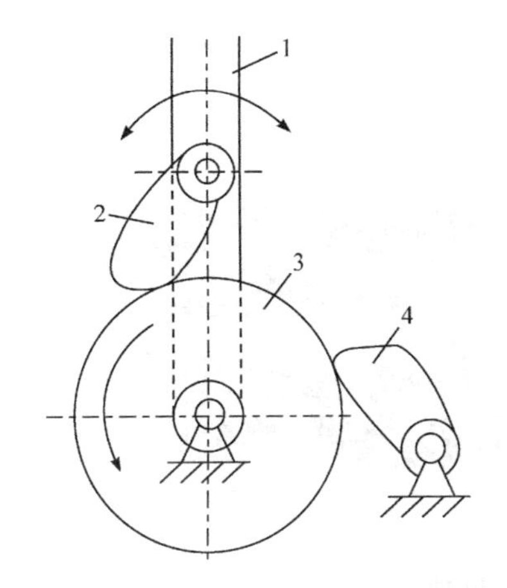


图 2-65 摩擦式棘轮机构

1-摇杆；2-楔块；3-摩擦轮；4-止动楔块

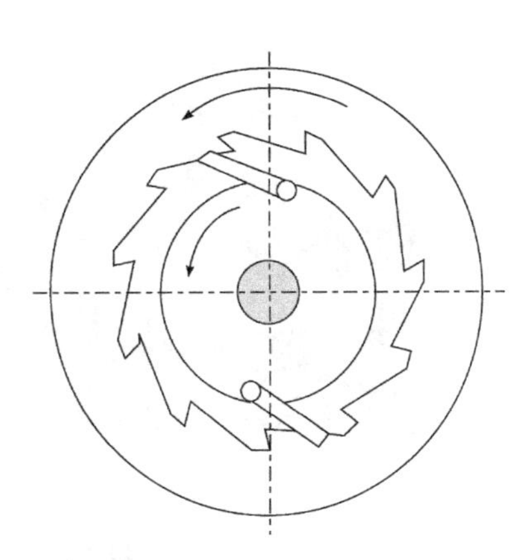

图 2-66 内啮合棘轮机构

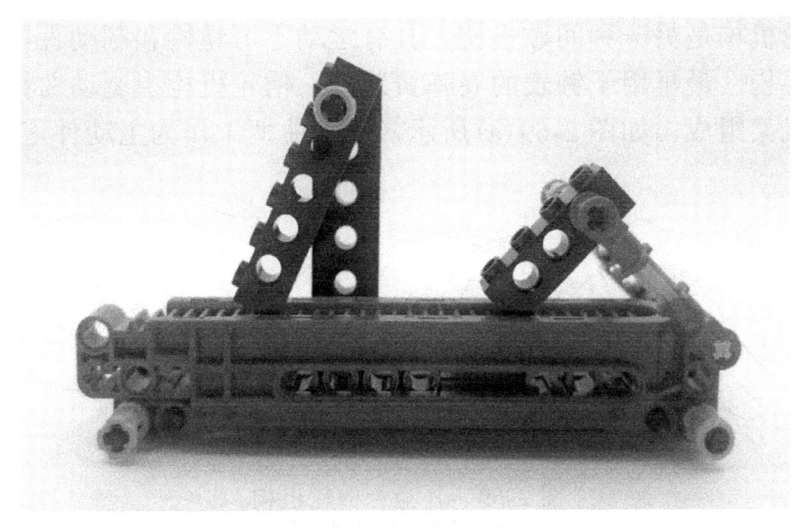

图 2-67 用乐高零件搭建的单动式棘轮机构

在乐高零件中，梁、连接件常被用作棘爪，齿轮和锯齿片常被用作棘轮。如图 2-68 所示，八叶螺旋锯齿片在轴的带动下沿逆时针方向转动时，连接件在锯齿片上滑过，而锯齿片顺时针转动时，连接件插入锯齿片中，阻碍锯齿片的回转，起到制动的作用。机械设计时，常利用棘轮机构的制动作用防止倒转，如起重设备中的棘轮制动器。棘轮机构由于结构简单、制造方便和运动可靠而被广泛应用，但也因棘爪与棘轮碰撞的噪声，运动不平稳，不宜用于高转速、大转角的机械中。

图 2-68　棘轮机构的制动

## 2.3.2　槽轮机构

槽轮机构是另一种间歇机构，具有运动不可逆性和制动性，也称为马耳他机构，最早用于钟表的卷弹簧装置。槽轮机构由驱动曲柄、从动槽轮及机架组成，如图 2-69(a)所示，驱动曲柄 1 作为主动件连续转动，

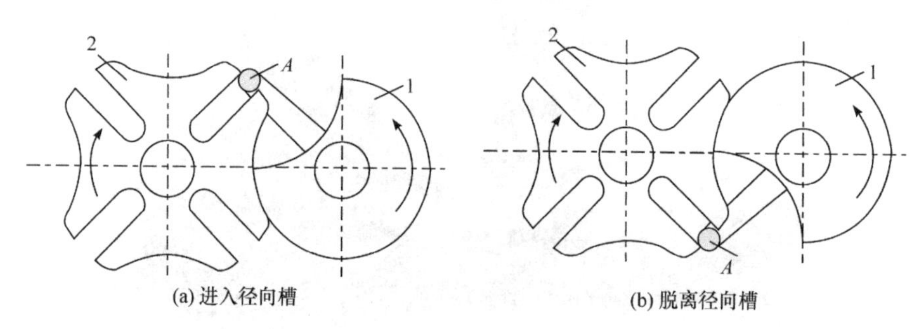


图 2-69　外啮合槽轮机构
1-驱动曲柄；2-从动槽轮

驱动曲柄 1 上的圆柱销 *A* 进入径向槽时，驱动槽轮转动；如图 2-69(b)所示，当圆柱销 *A* 脱离从动槽轮 2 时，槽轮被锁止弧锁住不再转动，此时槽轮转动了 90°。

槽轮机构主要包括外啮合槽轮机构(图 2-69)和内啮合槽轮机构(图 2-70)。外啮合槽轮机构通常包括驱动曲柄和从动槽轮，从动槽轮的静止时间比回转时间长。而内啮合槽轮机构则正好相反，回转时间更长。

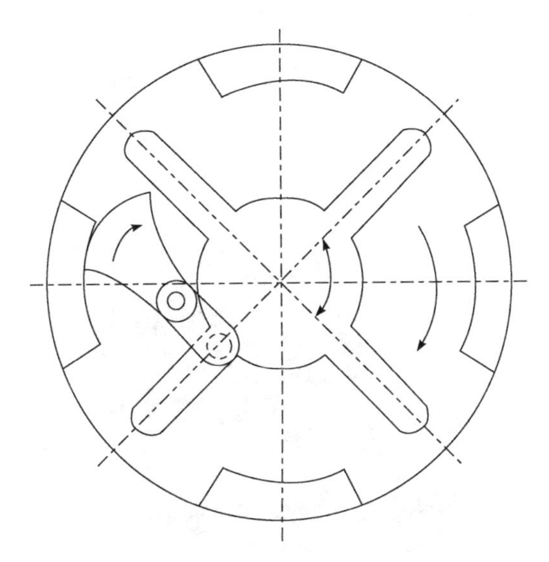

图 2-70　内啮合槽轮机构

槽轮机构的优点是结构简单、易于制造、工作可靠、机械效率较高，其缺点主要是槽轮的转角不能调节，且槽轮的槽数不宜过多，槽数通常为 4～6 条，如果槽数过多不易于安装。电影放映机的卷片机构是典型的槽轮机构，如图 2-71 所示，单销四槽轮机构按照影片播放速度运动，当每次卷片时，胶片上的画面在方格中停留，人们通过视觉暂留效应，看到连续运动的影像。乐高零件中的连接件、轴和弧形带孔臂常用于搭建槽轮机构，如图 2-72 和图 2-73 所示。

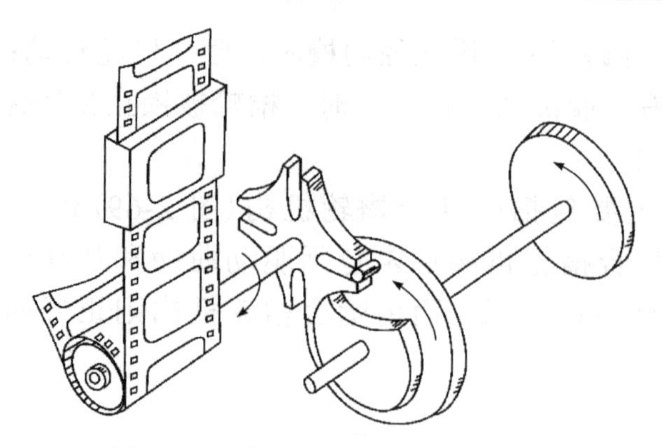

图 2-71　电影放映机的卷片机构

图 2-72　用乐高零件中的轴和弧形带孔臂搭建的槽轮机构

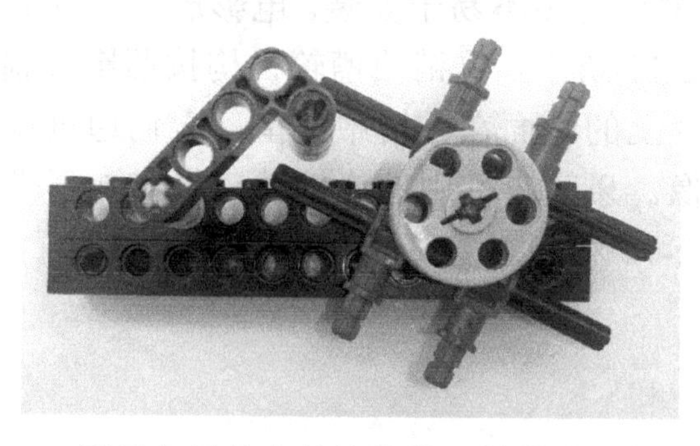

图 2-73　用乐高零件中的连接件、轴搭建的槽轮机构

**【综合练习 2-6】** 设计一款机械千斤顶。

设计要求：设计一款机械千斤顶，要求其具有制动功能，稳定可靠。

项目说明：千斤顶是一种用于顶升重物的机械装置，常见的机械千斤顶包括螺旋千斤顶和齿条千斤顶，在顶升的过程中，棘轮机构起到制动的作用，顶举起重物，如图 2-74(a)、(b)所示。

(a) 千斤顶上举

(b) 千斤顶棘轮制动

图 2-74 用乐高零件搭建的千斤顶原型

**【综合练习 2-7】** 设计一款机械尺蠖。

设计要求：设计一款机械尺蠖，要求只能朝一个方向行走，不能倒退。

项目说明：尺蠖又称“弓背虫”，是蛾的幼虫，属于节肢动物，它只能依靠身体的弓背朝一个方向爬行。棘轮机构通过制动使机械尺蠖只朝一个方向行走而不倒退，如图 2-75(a)所示，棘轮机构主要有棘轮和棘爪，齿轮可作为棘轮，连接件可作为棘爪，如图 2-75(b)所示。

(a) 朝一个方向行走

(b) 棘轮和棘爪

图 2-75　用乐高零件搭建的机械尺蠖

# 第3章　机械传动的基础知识

机器一般是由多种机构或构件按一定方式彼此相连而成的，利用机构和构件将运动和动力从机器的一部分传递到另一部分的过程称为机械传动。机械传动包括齿轮传动、带传动、链传动，以及液压传动、气压传动。本章主要介绍齿轮传动和以带传动、链传动为代表的柔性传动。本章的结构图如图3-1所示。

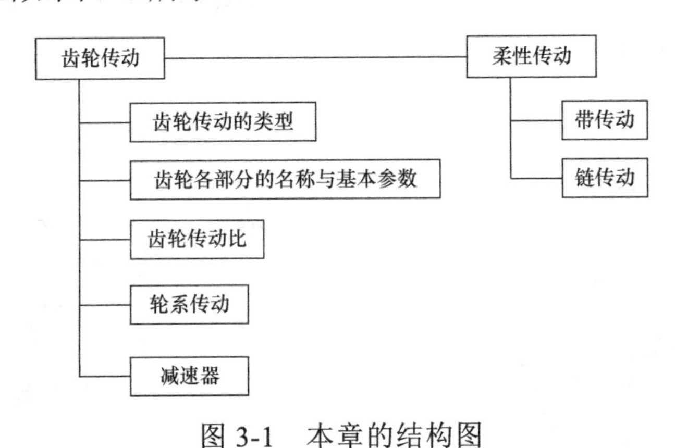


图3-1　本章的结构图

## 3.1　齿 轮 传 动

齿轮传动用于传递空间任意两轴之间的运动和动力，它的应用范围十分广泛。本节主要介绍齿轮传动的类型、齿轮各部分的名称与基本参数、齿轮传动比、轮系传动及减速器。

### 3.1.1　齿轮传动的类型

齿轮传动根据齿轮运动时两轮轴线的相对位置和齿向可以分为平面齿轮机构和空间齿轮机构。

### 1. 平面齿轮机构

平面齿轮机构用于传递两平行轴间的运动，两齿轮间的相对运动为平面运动，齿轮的外齿呈圆柱形，也称为圆柱齿轮机构。

平面齿轮机构按轮齿在圆柱的外表面、内表面的位置，分为外啮合齿轮和内啮合齿轮。外啮合齿轮由轮齿分布在圆柱外表面的两个齿轮啮合而成，两齿轮的传动轴平行，转动方向相反，如图 3-2 所示。内啮合齿轮由一个小的外齿轮与轮齿在圆柱内表面的大齿轮啮合而成，两齿轮的传动轴平行，转动方向相同，如图 3-3 所示。齿轮齿条由一个外齿轮和齿条构成，可实现转动和直线运动，在乐高零件中，通常使用 8 齿齿轮驱动齿条运动，有时为增加齿条的移动距离，可以将短齿轮条拼接起来，如图 3-4 所示。

图 3-2　外啮合齿轮

图 3-3　内啮合齿轮

图 3-4　齿轮齿条

平面齿轮机构按齿廓曲面母线与齿轮轴线的相对位置，可分为直齿轮、斜齿轮和人字齿轮。直齿轮的齿廓曲面母线与齿轮轴线平行，如图 3-2 所示，斜齿轮的齿廓曲面母线与齿轮轴线不平行，如图 3-5 所示，人字齿轮的齿廓曲面母线与齿轮轴线方向相反，如图 3-6 所示，在乐高零件中尚没有斜齿轮和人字齿轮。

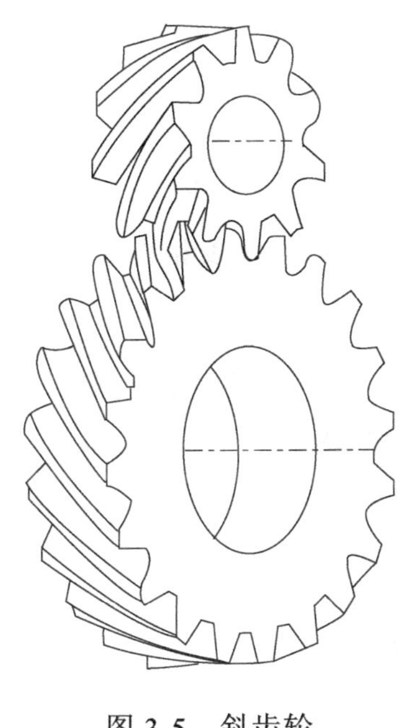

图 3-5　斜齿轮

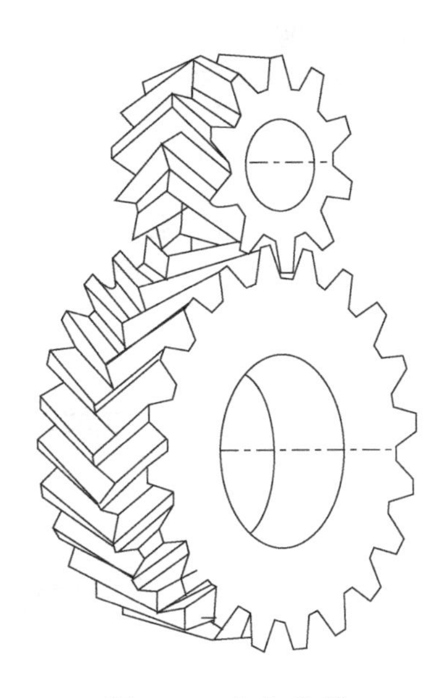

图 3-6　人字齿轮

2. 空间齿轮机构

空间齿轮机构用于两相交轴或两相错轴之间的传动，齿轮间的运动为空间运动。传递相交轴运动的空间齿轮机构的齿轮外齿呈圆锥形，也称为圆锥齿轮机构，按照轮齿与轮轴的相对位置，可分为直齿圆锥齿轮、斜齿圆锥齿轮和曲齿圆锥齿轮。在乐高零件中，可用 20 齿锥齿轮和 12 齿双锥齿轮等来搭建直齿圆锥齿轮，如图 3-7 所示。

传递交错轴运动的空间齿轮机构有交错齿轮(图 3-8)和蜗轮蜗杆(图 3-9)。

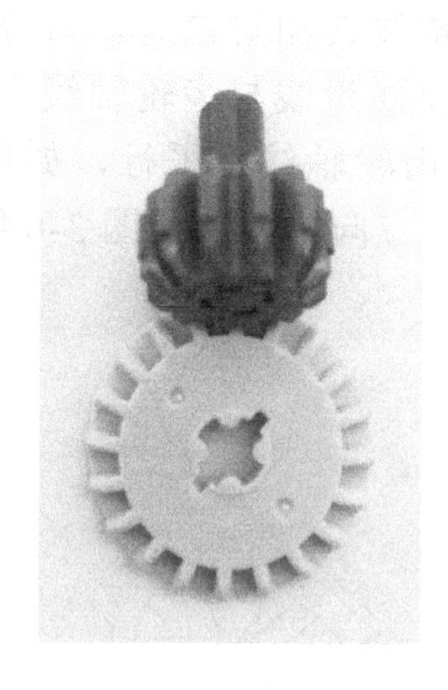

图 3-7 直齿圆锥齿轮

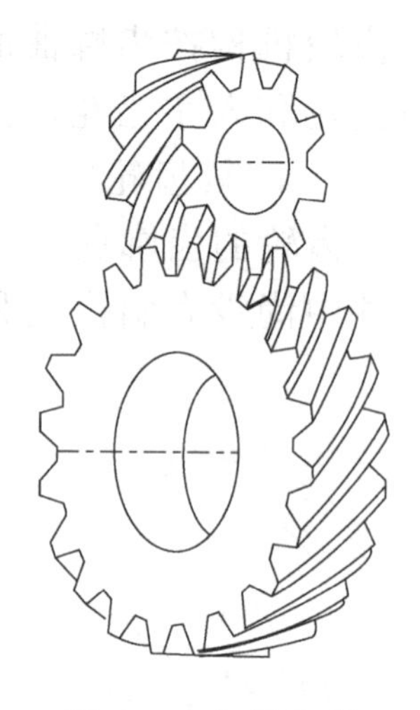

图 3-8 交错齿轮

图 3-9 蜗轮蜗杆

## 3.1.2 齿轮各部分的名称与基本参数

### 1. 齿轮各部分的名称

一个标准直齿圆柱外齿轮各部分的名称如图 3-10 所示。

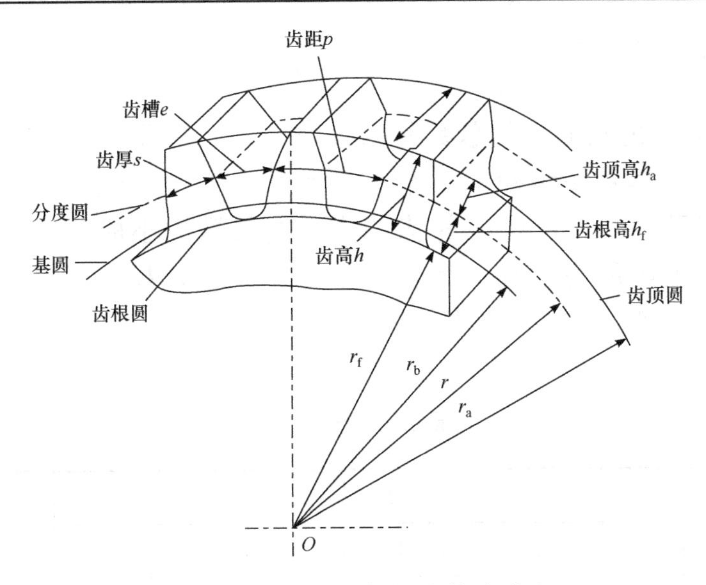


图 3-10　齿轮各部分的名称

(1) 齿顶圆。齿轮轮齿顶端的圆称为齿顶圆，其半径和直径分别用 $r_a$ 和 $d_a$ 表示。

(2) 齿根圆。齿轮轮齿根部的圆称为齿根圆，其半径和直径分别用 $r_f$ 和 $d_f$ 表示。

(3) 分度圆。设计、加工制造齿轮时的基准圆称为分度圆，其半径和直径分别用 $r$ 和 $d$ 表示。

(4) 基圆。生成渐开线的圆称为基圆，其半径和直径分别用 $r_b$ 和 $d_b$ 表示。

(5) 齿厚、齿距和齿槽。同一个轮齿两侧齿廓间的弧长称为齿厚，用 $s$ 表示。齿距是指两个相邻轮齿同侧齿廓间的弧长，用 $p$ 表示。齿槽是指相邻两轮齿间两侧齿廓间的弧长，用 $e$ 表示。在标准齿轮中， $p=s+e$ 。

(6) 齿顶高、齿根高和齿高。分度圆将齿轮分为两部分，分度圆与齿顶圆之间的部分称为齿顶，其径向高度称为齿顶高，用 $h_a$ 表示。分度圆与齿根圆之间的部分称为齿根，其径向高度称为齿根高，用 $h_f$ 表示。齿顶高与齿根高之和称为齿高，用 $h$ 表示， $h=h_a+h_f$ 。

## 2. 齿轮的基本参数

(1) 齿数。齿轮的齿的总数称为齿数，用 $z$ 表示。

(2) 模数。模数是齿轮的一个重要参数，表示一个齿轮的承载能力，模数用 $m$ 表示，单位是 mm。轮齿的大小与模数大小成正比，模数越大、轮齿越大，承载能力越强，为了便于加工制造，模数已经标准化了，表 3-1 为国家规定的标准模数系列。

**表 3-1　模数（$m$）**[①]　　（单位：mm）

| | | | | | | | | | |
|---|---|---|---|---|---|---|---|---|---|
| 第 I 系列 | 1 | 1.25 | 1.5 | 2 | 2.5 | 3 | 4 | 5 | 6 |
| | 8 | 10 | 12 | 16 | 20 | 25 | 32 | 40 | 50 |
| 第 II 系列 | 1.125 | 1.375 | 1.7 | 2.25 | 2.75 | 3.5 | 4.5 | 5.5 | (6.5) |
| | 7 | 9 | 11 | 14 | 18 | 22 | 28 | 36 | 45 |

注：优先采用第 I 系列中的法向模数，应避免采用第 II 系列中的法向模数 6.5。

(3) 分度圆压力角。过齿廓与分度圆交点的法线与该点的速度方向所夹的锐角称为分度圆压力角，用 $\alpha$ 表示。国家标准《通用机械和重型机械用圆柱齿轮　标准基本齿条齿廓》(GB/T 1356—2001) 中规定，分度圆压力角 $\alpha = 20°$。此外，分度圆直径与齿轮的齿数和模数需满足如下公式：

$$d = mz \tag{3-1}$$

(4) 标准安装条件。齿轮依靠两个齿距相互啮合进行传动，在标准安装时，两个齿轮的中心距离 $a$ 要等于两齿轮的分度圆半径之和，如图 3-11 所示，公式表达如下：

$$a = \frac{m(z_1 + z_2)}{2} \tag{3-2}$$

① 表 3-1 摘自国家标准《通用机械和重型机械用圆柱齿轮　模数》(GB/T 1357—2008)。

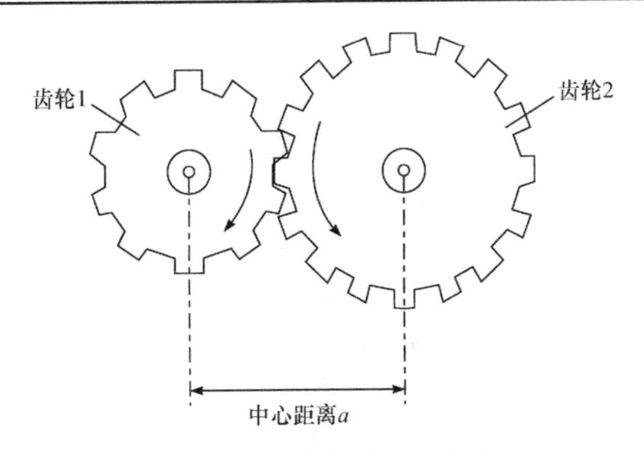


图 3-11　齿轮中心距离

## 3.1.3　齿轮传动比

### 1. 直齿轮的传动比

齿轮传动中，主动齿轮与从动齿轮的转速之比称为传动比，用$i$表示。在相同时间内，齿轮传动的主动齿轮与从动齿轮转过的齿数是相等的，因此，齿轮传动中两齿轮的传动比与两齿轮的齿数成反比，设$n_1$、$z_1$代表主动齿轮的转速和齿数，$n_2$、$z_2$代表从动齿轮的转速和齿数，则直齿轮的传动比为

$$i=\frac{n_1}{n_2}=\pm\frac{z_2}{z_1} \tag{3-3}$$

正负号所表示的意义为，当两齿轮为外啮合齿轮时，两齿轮的转向相反，取负号。当两齿轮为内啮合齿轮时，两齿轮的转向一致，取正号。

**【例题 3-1】**　试计算如图 3-12 所示的外啮合齿轮的传动比。

**解**　图 3-12 中的外啮合齿轮分别由作为主动齿轮的 40 齿圆柱齿轮和作为从动齿轮的 16 齿圆柱齿轮构成，根据传动比公式(3-3)可得

$$i=\frac{n_1}{n_2}=-\frac{z_2}{z_1}=-\frac{16}{40}=-0.4$$

### 2. 圆锥齿轮的传动比

圆锥齿轮轮齿的齿顶面、齿根面均为圆锥面，轮齿分布在圆锥体上，乐高零件中的单面锥齿轮和双面多齿轮用于搭建圆锥齿轮，如图 3-13 所示。

图 3-12　用于传动比计算的外啮合齿轮

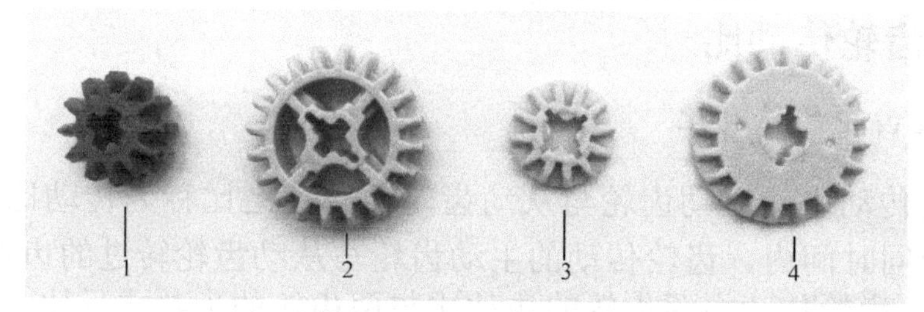


图 3-13　乐高零件中的单面锥齿轮和双锥齿轮

1-12 齿双锥齿轮；2-20 齿双锥齿轮；3-12 齿单面锥齿轮；4-20 齿单面锥齿轮

圆锥齿轮传动用于传递两相交轴的运动，在图 3-14 中，两个圆锥齿轮成 90° 夹角，这是最常见的圆锥齿轮传动方式。此外，乐高零件中的冠齿轮可以啮合组成相交轴垂直的正交传动，也可是相交轴不垂直的传动，如图 3-15 所示。

图 3-14　圆锥齿轮传动

图 3-15　冠齿轮组成的圆锥齿轮传动

圆锥齿轮以大端的参数为标准值，国家标准《锥齿轮模数》（GB/T 12368—1990）中规定了大端模数的标准值。圆锥齿轮传动正确啮合的条件是，大端模数和压力角分别相等。当两个齿轮构成垂直相交时，设$n_1$、$z_1$、$\delta_1$代表主动齿轮的转速、齿数和分度圆锥角，设$n_2$、$z_2$、$\delta_2$代表从动齿轮的转速、齿数和分度圆锥角，则圆锥齿轮的传动比为

$$\delta_1 + \delta_2 = 90° \tag{3-4}$$

$$i = \frac{n_1}{n_2} = \frac{z_2}{z_1} = \frac{\sin\delta_2}{\sin\delta_1} = \frac{\sin\delta_2}{\cos\delta_2} = \tan\delta_2 = \cot\delta_1 \tag{3-5}$$

3. 蜗轮蜗杆的传动比

蜗轮蜗杆用于交错轴间的传动。蜗轮蜗杆由蜗轮和蜗杆构成，一般蜗杆作为主动件，即蜗杆带动蜗轮转动，蜗轮不能反过来带动蜗杆转动。蜗轮蜗杆传动具有传动比大、传动平稳、自锁的特点，但具有效率较低、制造成本高的缺点。在乐高零件中，圆柱齿轮常当作蜗轮使用，此外，冠齿轮也可作为蜗轮与蜗杆啮合，如图 3-16 所示。

图 3-16　冠齿轮与蜗杆啮合

蜗轮蜗杆正确啮合的条件是，蜗轮与蜗杆在中间平面内模数相等，压力角相等。设 $n_1$、$z_1$ 代表蜗杆的转速和头数，设 $n_2$、$z_2$ 代表蜗轮的转速和齿数，则蜗轮蜗杆的传动比为

$$i = \frac{n_1}{n_2} = \frac{z_2}{z_1} \tag{3-6}$$

### 3.1.4　轮系传动

在机械传动中，由一系列齿轮组成的传动系统称为轮系。轮系具有获得较大传动比、实现变速转向传动、实现运动的合成和分解以及实现较大距离的齿轮传动的作用。根据轮系转动时各个齿轮的轴线相对于机架位置的固定情况，分为定轴轮系、周转轮系和混合轮系。

定轴轮系是指轮系中所有齿轮(及蜗轮蜗杆)的轴线相对于机架位置是固定不动的，如图 3-17 所示，三个齿轮轴的轴线位置都是固定的。

周转轮系是指在传动中至少一个齿轮轴线绕固定轴线回转的轮系，如图 3-18 所示，8 条曲齿轮条组成的内齿轮 1 绕固定轴线 $OO$ 回转，36 齿双锥齿轮 2 安装在轴 3 上，36 齿双锥齿轮 2 在绕自己的轴线 $O_1O_1$ 回转的同时，又随轴 3 一起围绕轴线 $OO$ 回转，即 36 齿双锥齿轮 2 做行星运动。围绕固定轴线回转的齿轮称为中心轮(内齿轮 1)，绕自己轴线自转的同时随固定轴线公转的齿轮称为行星轮(36 齿双锥齿轮 2)，支撑行星轮的构件称为行星架(轴 3)。

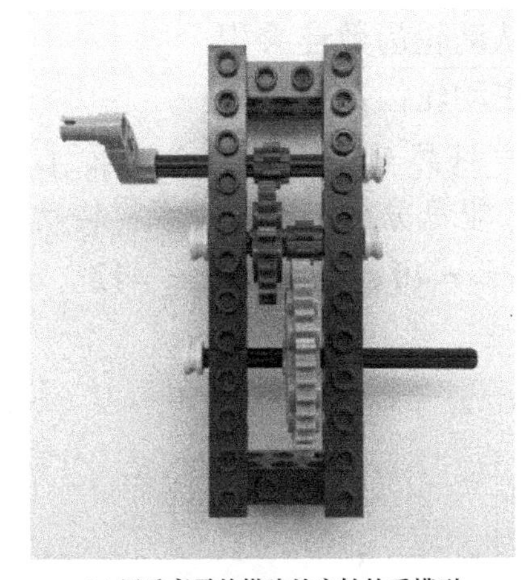

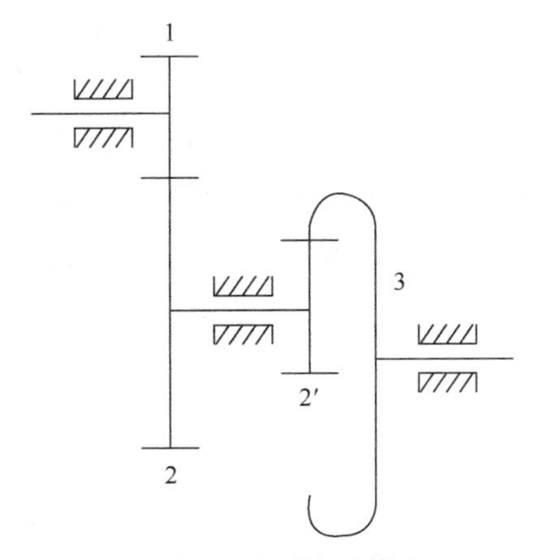


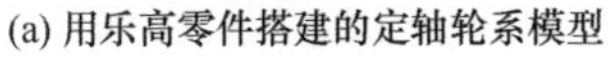

(a) 用乐高零件搭建的定轴轮系模型　　(b) 该轮系的机构运动简图

图 3-17　定轴轮系

1-8 齿齿轮；2-24 齿齿轮；2′-8 齿齿轮；3-40 齿齿轮

图 3-18　周转轮系

1-内齿轮；2-36 齿双锥齿轮；3-轴

混合轮系是由定轴轮系和周转轮系构成的复杂轮系，有兴趣的读者可参阅相关教材，本节主要介绍定轴轮系。

轮系的传动比是指轮系中首端主动轮的转速与末端从动轮的转速之比，用 $i$ 表示。定轴轮系中，设首端主动轮的编号为 1，其转速用 $n_1$ 表示，末端从动轮的编号为 $k$，其转速用 $n_k$ 表示，该定轴轮系中外啮合齿轮对数为 $m$，则定轴轮系的传动比为

$$i_{1k}=\frac{n_1}{n_k}=(-1)^m\frac{\text{所有从动轮齿数连乘积}}{\text{所有主动轮齿数连乘积}} \tag{3-7}$$

**【例题 3-2】** 如图 3-19 所示的定轴轮系中，已知主动轮 1 的转速 $n_1=200\text{r/min}$ (revolutions per minute，即每分钟转动次数)和转动方向，各齿轮齿数 $z_1=16$，$z_2=8$，$z_{2'}=24$，$z_3=40$，$z_{3'}=8$，$z_4=12$，$z_5=16$，求齿轮 5 的转速 $n_5$ 及转向。

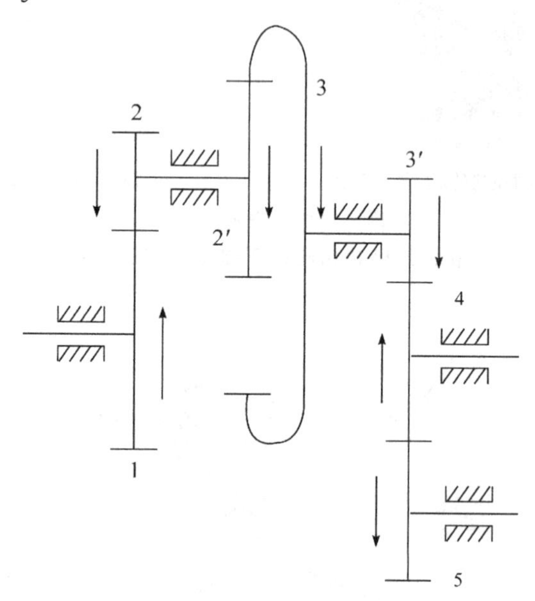


图 3-19　定轴轮系中各轮的转动方向

1-16 齿齿轮；2-8 齿齿轮；2′-24 齿齿轮；3-40 齿齿轮；
3′-8 齿齿轮；4-12 齿齿轮；5-16 齿齿轮

**解**　在图 3-19 所示的定轴轮系中，共有三对外啮合的齿轮，即 $m$=3。根据式(3-7)，该定轴轮系的传动比为

$$i_{15}=(-1)^3\frac{z_2z_3z_4z_5}{z_1z_{2'}z_{3'}z_4}=-\frac{8\times40\times12\times16}{16\times24\times8\times12}=-1.67$$

$$n_5=\frac{n_1}{i_{15}}=\frac{200}{-1.67}=-119.76(\text{r/min})$$

因为 $i_{15}$ 为负数，所以齿轮 5 与齿轮 1 的转向相反，齿轮 5 的转速为 119.76r/min。

在图 3-19 中，我们发现齿轮 4 既是主动轮又是从动轮，它的齿数同时在分子和分母上，相互抵消，对传动比的大小没有影响，这种齿轮称

为惰轮或过轮。但惰轮的出现，增加了啮合齿轮的对数，会改变从动轮的转向，影响正负号的变化。

式(3-7)适用于全部由平行轴组成的平面轮系，而对于空间轮系(圆锥齿轮、蜗轮蜗杆等)，需要用标注箭头的方法判定转向。对于圆锥齿轮，如图 3-20 所示，用两箭头同时指向或同时背离啮合处来表示两轮的实际转向。对于蜗轮蜗杆，用左右手法则判定蜗轮旋转方向，右旋蜗杆用右手，左旋蜗杆用左手，4 指顺着蜗杆旋转方向弯曲握拳，大拇指指向的相反方向就是蜗轮的旋转方向，如图 3-21 所示。

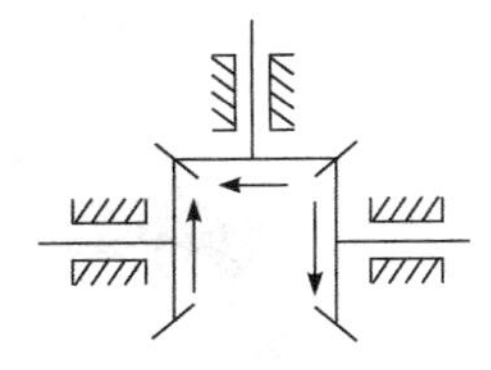
图 3-20　圆锥齿轮转向确定

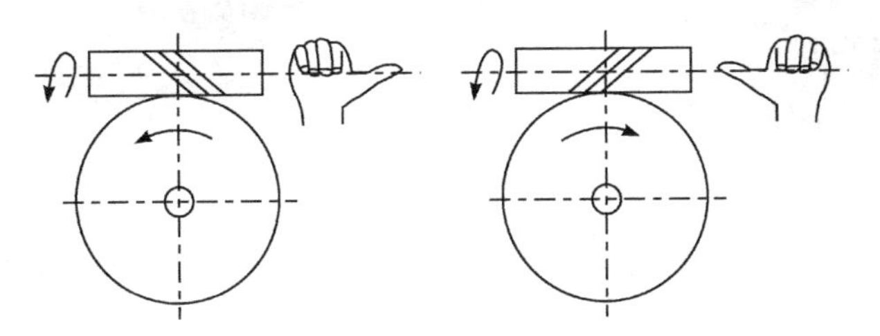
图 3-21　蜗轮转向确定

## 3.1.5　减速器

减速器是由齿轮传动、蜗轮蜗杆传动等组成的用以改变运动方向和动力的独立部件，减速器具有结构紧凑、效率高、传动精确、便于维护的特点。常见的减速器包括圆柱齿轮减速器、圆锥齿轮减速器和蜗轮蜗杆减速器。

### 1. 圆柱齿轮减速器

圆柱齿轮减速器用于传动平行轴之间的运动和动力，按传动级数可分为单级圆柱齿轮减速器(图 3-22)、二级圆柱齿轮减速器(图 3-23)、三级圆柱齿轮减速器(图 3-24)。单级圆柱齿轮减速器主要有直齿轮和斜齿轮两种，通常传动比 $i \leqslant 8$，如果传动比过大，小齿轮容易损坏。随着级数的增加，传动比也增加，例如，二级圆柱齿轮减速器的传动比 $i=8\sim60$，三级圆柱齿轮减速器的传动比 $i=40\sim400$。

图 3-22　单级圆柱齿轮减速器

图 3-23　二级圆柱齿轮减速器

图 3-24　三级圆柱齿轮减速器

2. 圆锥齿轮减速器

圆锥齿轮减速器用于两相交轴的传动，两轴的夹角常为90°，当采用单级直齿轮时，传动比$i\leqslant 3$，当采用单级斜齿轮时传动比$i\leqslant 6$。随着级数增加，圆锥齿轮减速器的传动比变大。在乐高零件中，差速器齿轮架、12 齿单面锥齿轮和轴组成的差速器可实现两相交轴的传动，在搭建车轮模型时，动力通过差速器传递到轮子上，如图 3-25 所示。

图 3-25　差速器在车辆中的应用

3. 蜗轮蜗杆减速器

蜗轮蜗杆减速器具有传动比大、结构紧凑、传动平稳的特点，但齿面间的滑动速度大，容易发热，不适用于大功率的传动。单级蜗轮蜗杆减速器的传动比$i$=10～70。在乐高零件中，24 齿圆柱齿轮、蜗杆常与齿轮箱配合使用，共同构成蜗轮蜗杆减速器，如图 3-26 所示。

图 3-26　蜗轮蜗杆减速器

# 3.2 柔性传动

柔性传动机构是指由挠性体连接具有柔软性的传动机构，如带传动和链传动。柔性传动机构适用于大间距、多轴同时回转的情况。

## 3.2.1 带传动

### 1. 带传动的工作原理与传动比

带传动由主动轮、从动轮和传动带组成，如图 3-27 所示，其主要作用是传递转矩和改变转速。通常传送带套在两个带轮上，当作为主动轮的带轮旋转时，主动轮与传送带间的摩擦力带动传动带，然后传动带依靠摩擦力驱动从动轮旋转，从而实现运动和动力的传递。

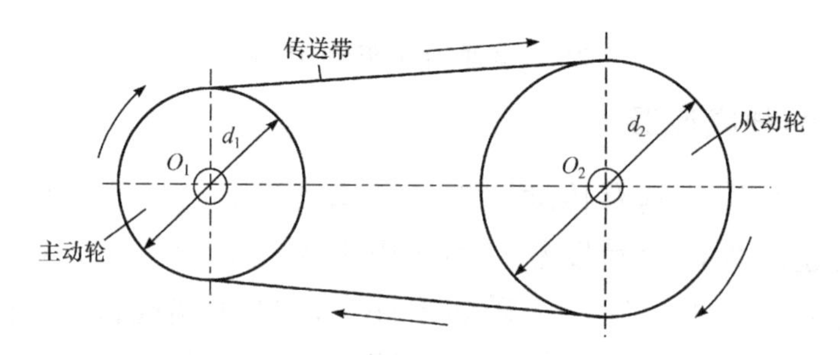


图 3-27　带传动的组成与传动比

带传动中，主、从动轮的转速与直径成反比，设 $n_1$、$d_1$ 代表主动轮的转速和直径，$n_2$、$d_2$ 代表从动轮的转速和直径，则带传动的传动比为

$$i = \frac{n_1}{n_2} = \frac{d_2}{d_1} \tag{3-8}$$

传送带具有一定的弹性，受到拉力后要产生弹性伸长，拉力越大，伸长量也越大。加之在带传动过程中，带与带轮之间的摩擦力使主动轮一边被拉紧，从动轮一边被松弛，传送带在使用过程中会因逐渐松弛而伸长，从而导致传送带滑动。因此式(3-8)是一个理想的计算公式，仅用于一般性分析。

2. 带传动的类型与特点

带传动根据传动原理可分为摩擦型带传动和啮合型带传动。摩擦型带传动靠传动带与带轮间的摩擦力实现传动，如图 3-28 所示。啮合型带传动靠带内侧凸齿与带轮边缘上的齿槽相啮合实现传动，如图 3-29 所示。

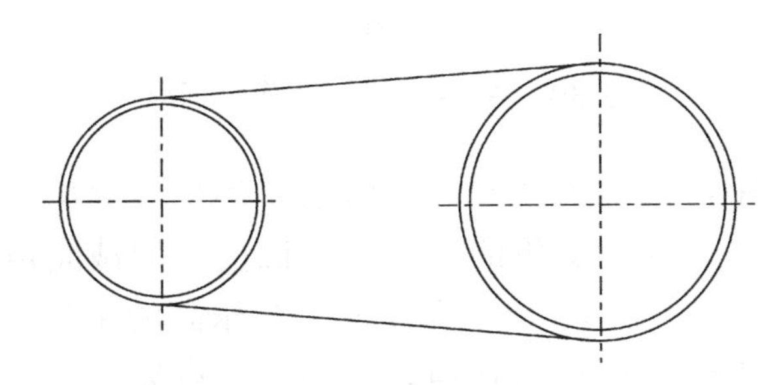

图 3-28　摩擦型带传动

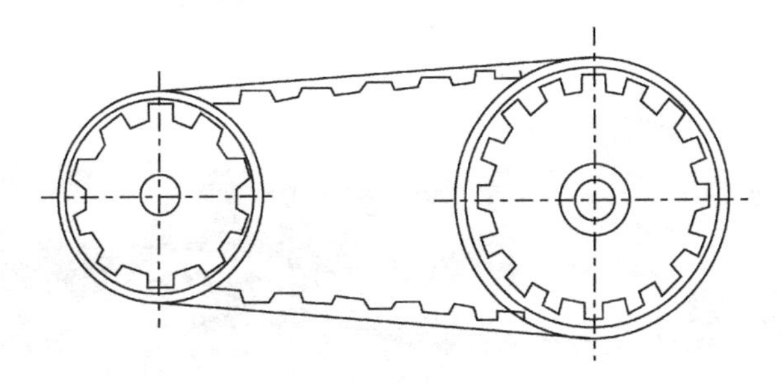

图 3-29　啮合型带传动

摩擦型带传动根据横截面形状的不同分为平带传动、V 带传动和圆带传动。平带的截面多为矩形，如图 3-30(a)所示，常见的平带有尼龙平带、橡胶帆布平带等。平带传动具有质量轻、噪声小、传动平稳的特点。V 带的截面多为梯形，如图 3-30(b)所示，常见的 V 带有普通 V 带、宽 V 带、窄 V 带、联组 V 带、大楔角 V 带等。由于 V 带紧套在带轮梯形槽中，V 带的两侧面与带轮梯形槽的两侧面的摩擦力大于平带与带轮间的摩擦力，因此，V 带的传动能力强于平带。圆带的截面是圆形，如图 3-30(c)所示，圆带通常采用聚氨酯材料制成，圆带传动主要应用于低速、小功率传动，如缝纫机等一些小产品或手动机械。

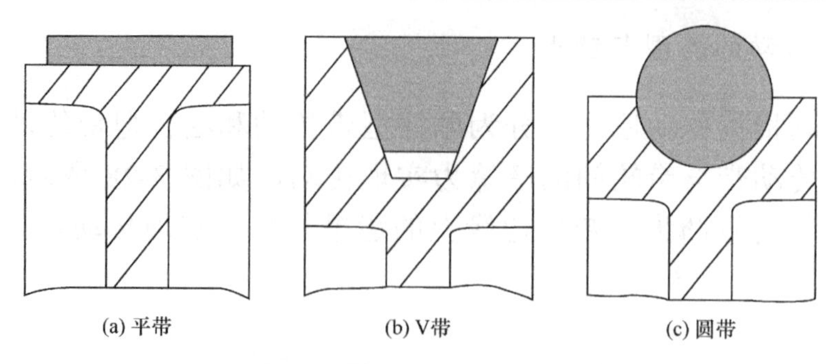


图 3-30　摩擦型带的横截面形状

在乐高零件中，采用大滑轮、小滑轮和半轴套滑轮作为带轮，传动带是白、黄、蓝、黑四种颜色的橡皮环，橡皮环的截面是圆形，因此乐高的带传动是圆带传动，如图 3-31 所示。在乐高的带传动中，由于橡皮环会打滑，因此不适合传送大转矩。此外，橡皮环在传动过程中，在摩擦力的作用下会伸长，随时可能脱离滑轮，致使机械模型停止运动。

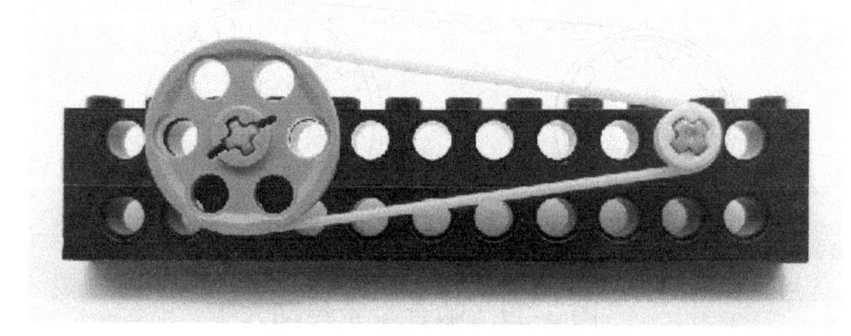

图 3-31　带传动

## 3.2.2　链传动

链传动主要由主动链轮、链条、从动链轮和机架构成。链传动主要用于远距离两轴之间的运动传递，能传递大转矩，但运动速度较低。在机械中，传动链有滚子链和齿形链两种。滚子链由一系列短圆柱滚子连接在一起，由链轮驱动，是一种传动可靠、过载能力强的动力传递装置，如图 3-32 所示。齿形链是由一系列齿链板和导板交替装配且销轴或组合的铰接元件连接组成的，相邻节距间为铰连接，如图 3-33 所示。齿形链根据导向形式可分为外导式齿形链、内导式齿形链和双内导齿形链。齿形链的传动性能优于齿轮以及滚子链，主要用在高速、重载、低噪声、大中心距离的工况下。

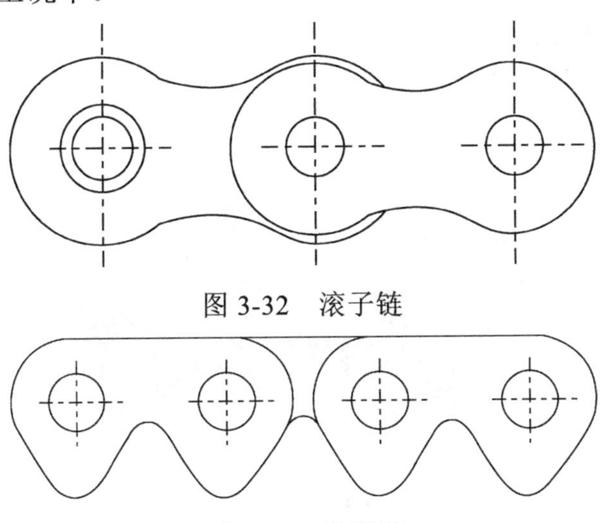

图 3-32　滚子链

图 3-33　齿形链

链传动中两个链轮的转速与齿数成反比。设 $n_1$、$z_1$ 代表主动链轮的转速和齿数，$n_2$、$z_2$ 代表从动链轮的转速和齿数，则链传动的传动比为

$$i = \frac{n_1}{n_2} = \frac{z_2}{z_1} \tag{3-9}$$

在机械实际中，与带传动相比，链传动对工作环境的要求更低，结构上更紧凑，传动比恒定不变，传动精度较高，但制造和安装的要求高于带传动，在传动方向上受限制，只能在同一平面内传动。

在乐高零件中有滚子和履带两种。滚子采用挂钩结构，可自由搭建所需长度的链条，通常将乐高零件中的直齿轮作为其链轮，如图 3-34 所

图 3-34　乐高零件搭建的链条模型

示。履带类似于工业齿形链，通常将乐高零件中的轮毂作为其链轮，如图 3-35 所示。在安装链条时，不宜太紧或太松，太紧容易出现卡死现象，太松会导致链条从链轮上脱落。

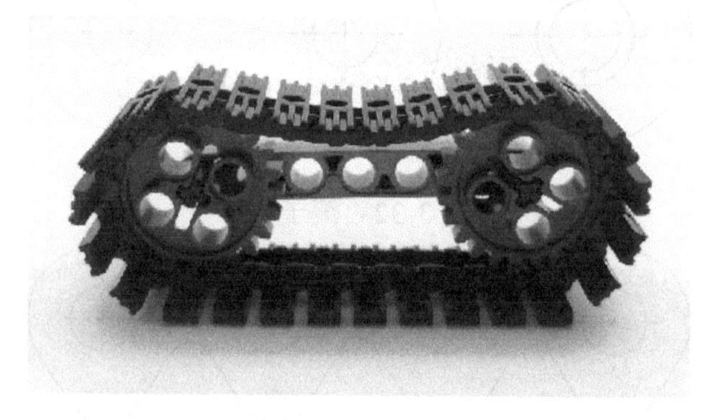

图 3-35　履带

**【综合练习 3-1】**　设计一款手动四挡汽车变速箱原型。

题目简介：在主动轴转速不变的条件下，轮系能实现从动轴的变速或转向。例如，汽车变速箱的换挡使汽车在行驶过程中，可切换至不同的速度，以适应不同的路况。换挡时通过同步器将相互接合的齿轮实现同步，在乐高零件中，动力传输环、螺纹轴套与 16 齿双面空心离合齿轮或 20 齿双面空心离合齿轮可以构成同步器，如图 3-36 所示。通过换挡拨杆可以控制动力传输环与邻近双面空心离合齿轮的插入或脱离，如图 3-37 所示。

图 3-36　同步器零件

1-动力传输环；2-16 齿双面空心离合齿轮；3-20 齿双面空心离合齿轮；4-螺纹轴套；5-换挡拨杆

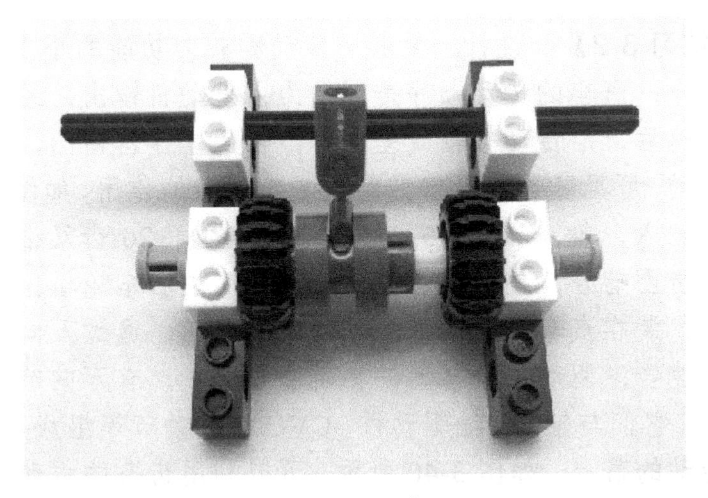

图 3-37　同步器

以二挡变速箱为例，当换挡拨杆拨动动力传输环分别与左侧或右侧的双面空心离合齿轮插入时，只有被动力传输环插进的双面空心离合齿轮才能与轴一起运动，进而实现换挡，如图 3-38(a)、(b)所示。

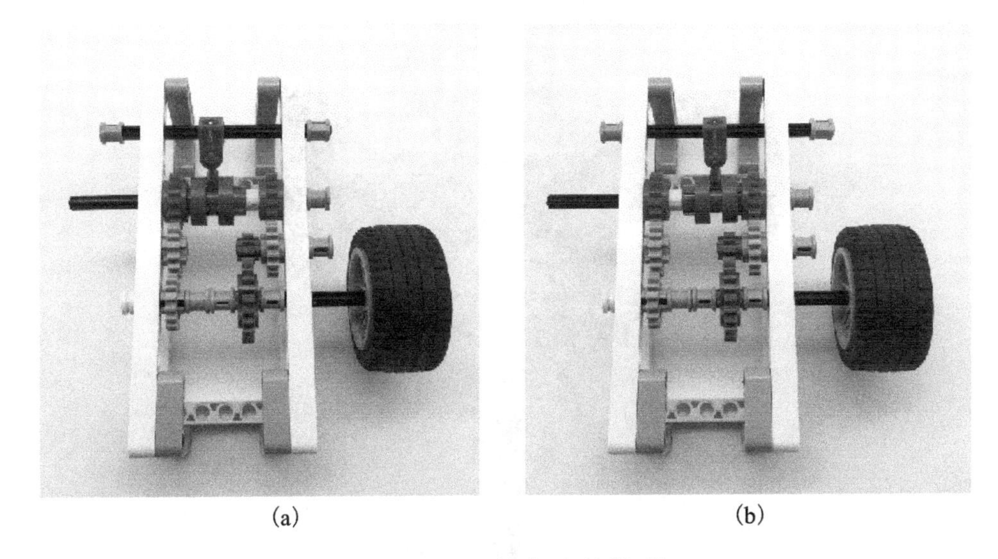

(a)　(b)

图 3-38　二挡变速箱模型

设计要求：利用轮系可以使从动轴获得若干种转速，设计一款手动四挡汽车变速箱原型。

**【综合练习 3-2】** 设计一款具有传动和转向功能的小车。

题目简介：汽车的传动顺序是，动力由发动机输出，经离合器、变速箱增扭变速后，沿传动轴输入差速器，再由差速器输出，以驱动汽车的左右轮转动。可见差速器具有控制左右轮转动的作用，如图 3-39 所示，动力沿轴 1 输入，轴 1 带动 20 齿双锥齿轮转向，20 齿双锥齿轮与差速器齿轮架的齿圈啮合，差速器齿轮架旋转并向左右车轮输出动力。在真实的汽车中，装在汽车底盘前部的发动机变速箱，通过万向联轴节带动后桥中的差速器，驱动后轮转动，在乐高零件中，有万向节和球形万向节两种零件，它们与轴、悬挂驱动桥、CVC 杯状关节等组成万向联轴节，满足变角传动的需要，如图 3-40 所示。可以利用齿条的运动来控制车轮的转向，如图 3-41(a)、(b)所示。在设计时，需注意差速器对前后左右四个车轮的驱动控制以及汽车模型方向盘是如何通过万向节与齿轮齿条进行连接的，如图 3-42 所示。

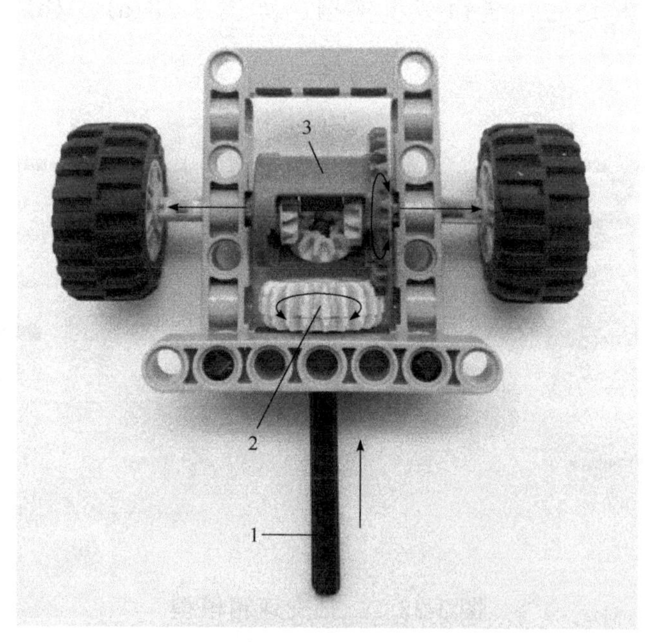


图 3-39　差速器

1-轴；2-20 齿双锥齿轮；3-差速器齿轮架

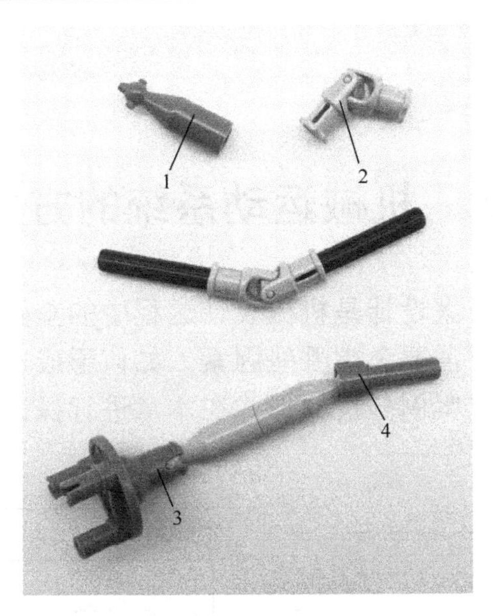


图 3-40　万向联轴节
1-球形万向节；2-万向节；3-悬挂驱动桥；4-CVC 杯状关节

(a) 前行状态

(b) 转向状态

图 3-41　齿轮齿条转向传动

图 3-42　具有传动和转向功能的小车

设计要求：利用差速器、万向节、齿条等乐高零件，设计一款具有传动和转向功能的小车。

# 第4章　机械运动系统的方案设计

机械运动系统方案设计是机械设计过程中的重要组成部分。机械是如何构成的？设计时需要考虑哪些因素？如何形成机械运动系统的设计方案？上述问题将以案例分析的形式在本章进行探讨。本章的结构图如图 4-1 所示。

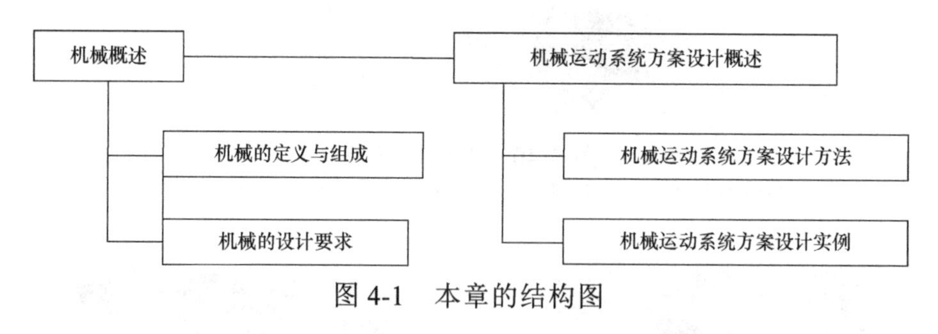


图 4-1　本章的结构图

## 4.1　机 械 概 述

机械的种类繁多，根据不同的使用目的，可分为交通运输机械、矿山机械、纺织机械等。从机械运动学的视角看，机械起到变换或传递能量、物料与信息的作用。设计机械时要考虑的因素有用户需求、工作要求、应用目标及使用环境。

### 4.1.1　机械的定义与组成

机械是机器或机构的统称，任何机械都是由若干个零件、部件和装置为完成特定功能而组成的系统。机械系统是由各个机械基本要素组成，完成所需的动作、实现机械能的转变、代替人类劳动的系统[7]。

机械通常由原动机、传动机构、执行机构和控制系统四部分组成，如图 4-2 所示，其中传动机构和执行机构合称为机构系统或机械运动系统[8]。

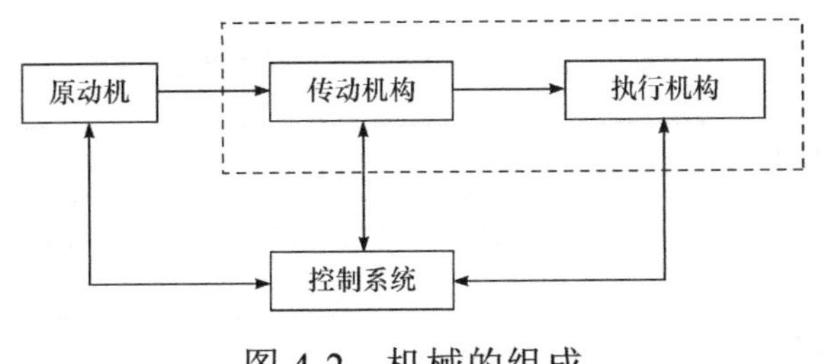


图 4-2　机械的组成

(1) 原动机，也称为动力机，是驱动整个机械系统的动力源，其功能是将电能、热能或自然力转化为机械能，例如，直流电动机、步进电动机将电能转化为机械能；柴油机、蒸汽机将热能转化为机械能；风力机、水轮机将自然力转化为机械能。

(2) 传动机构，介于原动机和执行机构之间，把原动机的运动形式、运动方向和动力传递给执行机构，传动机构通常包括机械传动、液压传动和气压传动。机械传动主要由齿轮传动、带传动和链传动构成；液压传动以液体作为工作介质，利用液压来传递运动和动力；气压传动以气体作为工作介质，利用气压来传递运动和动力。

(3) 执行机构，是指机器完成预期运动要求的机构，其结构形式取决于机器本身的用途，执行机构的主要作用是输出机械运动、力或力矩，传递能量、物料或信号。执行机构按输出的运动特征可分为直线运动机构、匀速机构、非匀速机构、往复运动机构、间歇运动机构等。

(4) 控制系统，是以机械、电气、气动等方式对原动机、传动机构和执行机构进行操作控制的系统。控制系统的主要作用为，使执行机构按照预定的运动形式、方向进行有序运动；改变各运动构件的位置、速度和加速度；监控、启动或停止机械系统。

### 4.1.2　机械的设计要求

由于用户需求、工作要求、应用目标及使用环境的不同，机械产品存在很大的差异。宗望远和王巧华[9]从运动要求、动力要求、体积和重量要求、操作性要求、可靠性和寿命要求、安全性要求、经济性要求、环境保护要求、产品造型要求、其他要求几个方面对机械系统功能要求的差异进行了说明，如表 4-1 所示。

**表 4-1 机械系统的功能要求**

| 机械系统功能要求的维度 | 功能描述 |
| --- | --- |
| 运动要求 | 如速度、加速度、调速范围、运动范围、运动轨迹及运动精度等 |
| 动力要求 | 如传递的力、力矩、功率以及动力运行效率等 |
| 体积和重量要求 | 如尺寸、占地面积、重量、重心、重量比等 |
| 操作性要求 | 如反应能力、舒适性、操作力以及编程能力、示教能力、人机交互功能等 |
| 可靠性和寿命要求 | 如机械电气零部件的可靠性、耐磨性和使用寿命以及系统平均无故障时间等 |
| 安全性要求 | 如机械装置的强度、刚度、热力学性能，电气装置的绝缘、耐压、过流、过热等 |
| 经济性要求 | 如设计和制造的经济性、使用和维修的经济性等 |
| 环境保护要求 | 如噪声、振动、尘埃等的控制，“三废”的排放、治理、可回收、可利用等 |
| 产品造型要求 | 如外观、色彩、与环境协调等美学指标 |
| 其他要求 | 不同系统还有不同特殊要求，如一些精密装备要有良好的防振性等 |

虽然不同的机械具有不同的功能要求，但设计机械时有一些共性的设计要求需要设计者遵循，如系统功能合理，经济效益最大，保障可靠性以及安全性，此外，在设计时还要注意社会效益和绿色环保。

系统功能合理是指，在机械设计时，随着系统功能的增加，产品价值提升，与之同时产品成本也升高，因此，设计者要充分调研市场，了解国内外竞品的特点，并走访用户，了解用户的实际需求，制定合理的功能指标。

经济效益最大是指，在机械设计、制造和使用的过程中，以科学的结构设计、优化制造工艺、选用合适的零部件、提升维修效率等方式，降低产品成本，缩短生产周期，提高制造方和用户的经济效益。

可靠性是指，机械在规定的条件下和规定的时间内完成规定功能的能力，可靠性是衡量系统质量的重要指标[10]。在设计机械时，要建立从研究、设计、生产制造、维修保养直至评审等一系列的可靠性计划。

安全性是指，机械系统在运行过程中执行预期功能的安全性以及机械系统本身的安全性、系统操作人员的安全性和系统环境的安全性。

## 4.2　机械运动系统方案设计概述

机械是由若干个基本机构组合而成的，并为了实现预定的运动规律，各基本机构相互配合、协调运动。本节的主要内容包括机械运动系统方案设计的一般流程、常见机构的运动形式、机构选型及评估机械运动系统方案的方法。

### 4.2.1　机械运动系统方案设计方法

机械运动系统包括传动机构和执行机构，机械运动系统的运动方案设计主要涉及，根据机械所要实现的功能要求，按照机械的工作原理，设计运动规律，设计执行机构，进行运动协调设计，设计机构尺度，绘制机构运动简图。可见，机械运动系统方案设计是机械设计的核心，直接影响机械的性能、尺寸、结构和质量，如图 4-3 所示。

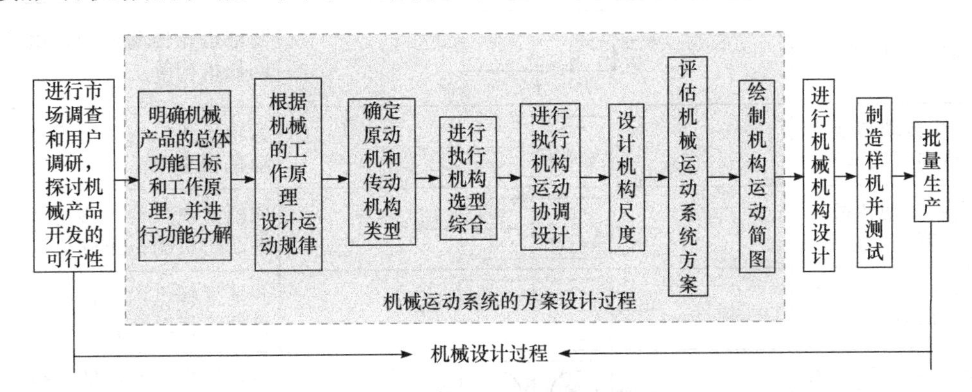


图 4-3　机械运动系统方案设计的一般流程

明确机械产品的总功能目标和工作原理，并进行功能分解。此阶段要讨论确定机械产品的总功能，并通过目标树的方式进行功能分解。目标树为定义工程问题、说明设计目标提供了一种清晰有效的方法。目标树以图表的形式描述了主次目标之间的层级及不同目标之间的联系。设计者根据机械产品的总功能要求，拟定工作原理和技术手段。

根据机械的工作原理设计运动规律。此阶段按机械的工作原理，拟定实现功能所能采用的各种运动规律，并从中选取最佳运动规律。

确定原动机和传动机构类型。选择原动机时，要遵循简化机构、易于调整机器运动、传动平稳等原则，原动力常采用液压缸、气压缸或电动机。设计传动机构时，要首先考虑从原动机到执行机构的总传动比，在满足传动比的情况下，尽可能使机构数目少，使传动链简短。

进行执行机构选型综合。根据执行机构的运动要求，设计者在此阶段可从前人已发明的机构中寻找与之相近的机构类型，或者对已有机构进行扩展、组合和变异，创造出新的机构。表 4-2 简要列举了常见的运动转换形式与实现对应运动要求的机构类型，可供机构选型时参考。

**表 4-2　执行机构常见的运动转换形式及其对应的机构示例**

| 运动转换形式 | 符号 | 机构示例 |
| --- | --- | --- |
| 运动放大 | 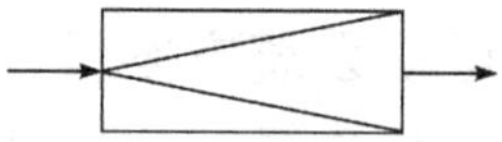 | 带传动机构、链传动机构、蜗轮蜗杆机构、齿轮传动机构等 |
| 运动轴向变化 | 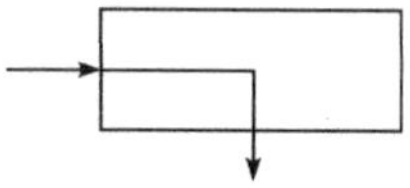 | 圆锥齿轮传动机构、蜗轮蜗杆机构等 |
| 连续转动转换为单向直线运动 | 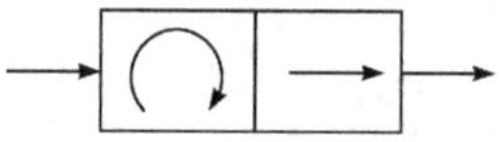 | 齿轮齿条机构、同步带传动机构等 |
| 连续转动转换为往复直线运动 | 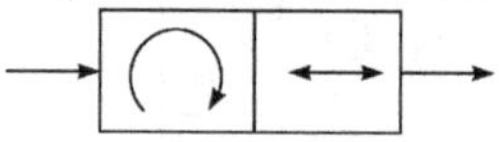 | 曲柄滑块机构、移动从动件凸轮机构、正弦机构等 |
| 连续转动转换为往复摆动 | 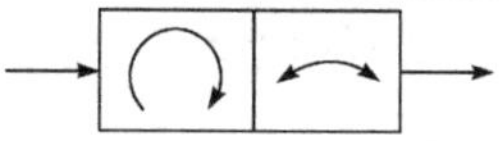 | 曲柄摇杆机构、摆动导杆机构、摆动凸轮机构等 |
| 连续转动转换为连续转动 | 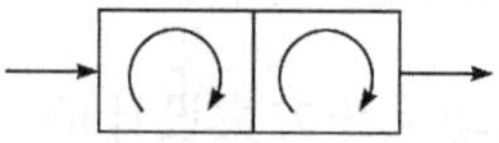 | 齿轮机构、双曲柄机构、平行四边形机构等 |
| 连续转动转换为单向间歇转动 | 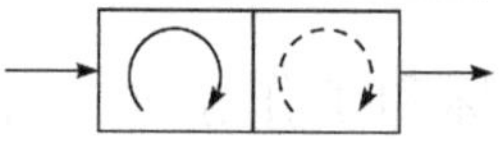 | 槽轮机构、圆柱凸轮式间歇机构等 |
| 连续转动转换为单侧停歇摆动 | 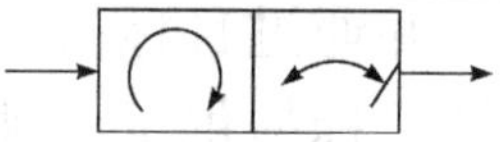 | 摆动从动件凸轮机构、曲线导槽的导杆机构等 |

续表

| 运动转换形式 | 符号 | 机构示例 |
| --- | --- | --- |
| 连续转动转换为双侧停歇摆动 |  | 摆动从动件凸轮机构等 |
| 连续转动转换为预定轨迹 |  | 平面连杆机构、直线轨迹机构等 |
| 往复摆动转换为单向间歇转动 |  | 棘轮机构等 |

在机构选型时，常借助形态学矩阵的方法。形态学矩阵是工程师通过研究功能与结构之间的关系，组合形成设计方案的一种设计方法，如表 4-3 所示。形态学矩阵的操作步骤具体为：①分解功能，分解设计所关注的功能。②为每一个功能求解。③组合形成设计方案，根据相容性原则及其他原则组合形成设计方案，对于专业工程师，还需在形成设计方案的基础上，利用模糊综合评判法进行方案评价。

**表 4-3　形态学矩阵表**

| 分功能 | | 分功能解(匹配的机构) | | | |
| --- | --- | --- | --- | --- | --- |
| 编号 | 功能描述 | 1 | 2 | 3 | 4 |
| A | | | | | |
| B | | | | | |
| C | | | | | |
| D | | | | | |

设计执行机构运动协调和机构尺度。设计执行机构运动协调是指，根据机械的运动要求，使各机构之间的运动相互配合、协调运动。设计机构尺度是指，根据执行机构和原动机的参数，以及各执行构件的运动情况，确定各构件的运动尺寸。这两个阶段需要涉及的机械专业知识较为复杂，有兴趣的读者可参阅相关教材。

评估机械运动系统方案。机械运动系统方案的评价方法有点评价法、加分评分法、关联矩阵法和模糊评价法，其中适用于中小学教学的是点评价法和加分评分法。点评价法是指依据确定的评价标准，逐项对各评价方案进行粗略评价，并用符号“+”代表达到要求，用符号“−”代表没有达到要求，用符号“？”代表再研究一下，用符号“！”代表重新检查设计，最后根据评价情况做出选择，如表 4-4 所示。加分评分法对每个评价维度的优劣设置了用分数表示的尺度，各项指标分值相加，总分最高者为最佳方案，如表 4-5 所示。

绘制机构运动简图，即用示意图的形式，表明机构的运动情况、构件的连接情况以及机构的工作原理，并描述出机械的运动规律。

**表 4-4　点评价法**

| 评价标准 | 方案 A | 方案 B | 方案 C |
|---|---|---|---|
| 实现功能要求 | + | + | + |
| 工作原理的先进性 | − | + | ? |
| 工作效率的高低 | − | + | + |
| 方案的实用性 | + | + | ? |
| 方案的操作性 | + | − | ? |
| 方案的新颖性 | + | + | + |
| 方案的经济性 | − | + | ? |
| 使用维修的方便性 | + | + | + |
| 总评 | 5+ | 7+ | ? |
| 结论 | | 方案 B 最佳 | |

**表 4-5　加分评分表**

| 评价标准 | 评价等级 | 评价分数 | 方案 A | 方案 B | 方案 C |
|---|---|---|---|---|---|
| 实现功能要求 | 优 | 10 | | | |
| | 良 | 8 | | | |
| | 中 | 4 | | | |
| | 差 | 3 | | | |

续表

| 评价标准 | 评价等级 | 评价分数 | 方案 A | 方案 B | 方案 C |
|---|---|---|---|---|---|
| 工作原理的先进性 | 优 | 10 | | | |
| | 良 | 8 | | | |
| | 中 | 4 | | | |
| | 差 | 0 | | | |
| 工作效率的高低 | 优 | 10 | | | |
| | 良 | 8 | | | |
| | 中 | 4 | | | |
| | 差 | 0 | | | |
| 机器的可操作性 | 优 | 10 | | | |
| | 良 | 8 | | | |
| | 中 | 4 | | | |
| | 差 | 0 | | | |
| 机器的制造成本 | 优 | 10 | | | |
| | 良 | 8 | | | |
| | 中 | 4 | | | |
| | 差 | 0 | | | |
| 机器的安全性 | 优 | 10 | | | |
| | 良 | 8 | | | |
| | 中 | 4 | | | |
| | 差 | 0 | | | |
| 机器的美观程度 | 优 | 10 | | | |
| | 良 | 8 | | | |
| | 中 | 4 | | | |
| | 差 | 0 | | | |
| 累计评价分数 | | | | | |
| 结论 | | | 最佳方案为： | | |

### 4.2.2 机械运动系统方案设计实例

**设计题目：机械手手爪的设计。**

机械手是最早出现的工业机器人，是能模仿人手和臂按预定运动进行抓取、搬运物件或操作工具的自动装置。机械手广泛应用于机械制造、冶金、化工、电子、食品等领域，代替人从事单调、频繁、精密的工作，并无惧危险、恶劣的工作环境，提高了生产效率，降低了制造成本，同时也在有害环境中保护了人员安全。本实例从机械手手爪的功能目标出发，简要介绍机械运动系统方案的构思与设计。

1. 机械手手爪的功能目标

机械手手爪的功能目标是实现抓取球形工件。

2. 设计要求

平稳抓取直径为 5cm 的球形工件。

3. 设计方案的构思

根据已发明的机械手手爪机构，结合所需设计的机械手手爪的运动特性，所选机构类型为夹钳式手爪和吸附式手爪。夹钳式手爪按手爪夹持工件的运动方式又分为回转型手爪和平移型手爪。吸附式手爪又包含气吸式手爪和磁吸式手爪。各种机械手手爪的机构选型如图 4-4 所示。

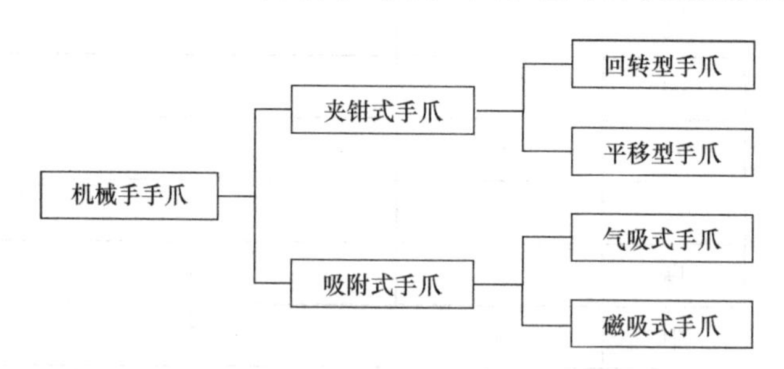


图 4-4　机械手手爪的机构选型

夹钳式手爪能模拟人手抓取物件，通常夹钳式手爪由手指、传动机构、驱动装置和支架构成。夹钳式手爪的手指指端根据形态分为 V 形指、平面指、尖指和特形指。回转型手爪的手指就是一对或几对杠杆，再同连杆、蜗轮蜗杆、齿轮等机构组成复合式杠杆传动机构。平移型手爪通过手指的指面做直线往复运动或平面移动来实现张开或闭合，进而实现夹持工件，但从结构上看，平移型手爪比回转型手爪更复杂。气吸式手爪利用吸盘内的压力与大气压之间的压力差，实现吸持工件。磁吸式手爪利用永久磁铁或电磁铁通电后产生的磁力来吸附工件。气吸式手爪、磁吸式手爪以及夹钳式手爪中的平移型传动机构，不适合用乐高零件进行模拟，这里不再讨论其方案设计。

夹钳式手爪的驱动装置可采用机械驱动，其传动机构可由齿轮、蜗轮蜗杆、连杆等构成。图 4-5 为圆锥齿轮构成的传动机构示意图，电动机通过圆锥齿轮驱动手爪运动，手爪的运动速度受齿轮传动比及电动机转速的影响，会出现电动机转速过快，使乐高零件散落的情况。图 4-6 为蜗轮蜗杆构成的传动机构示意图，电动机带动蜗轮蜗杆转动，进而驱动手爪抓取工件，此种类型的手爪传动会较为平稳。图 4-7 为连杆构成的传动机构示意图，推杆驱动连杆移动来抓取工件，在实际中，此种类型多以液压缸作为其驱动装置，利用乐高零件进行搭建时，以手动推动推杆的方式替代。

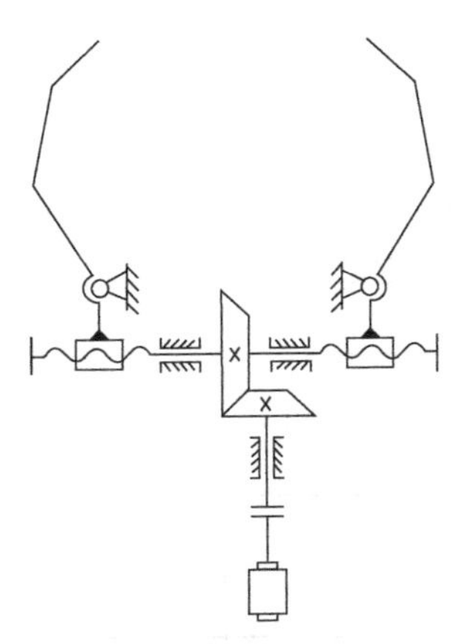

图 4-5　齿轮式传动机构示意图

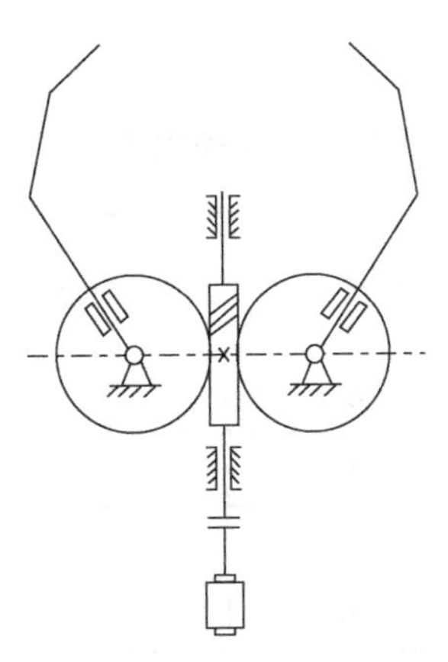

图 4-6　蜗轮蜗杆式传动机构示意图

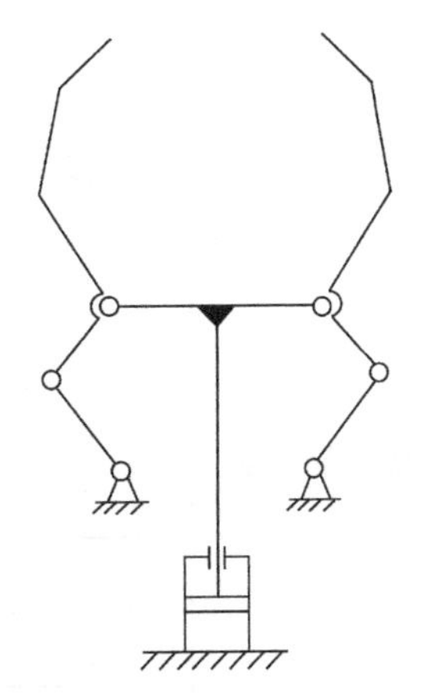

图 4-7　连杆式传动机构示意图

通过上述分析，平稳抓取直径为 5cm 球形工件的机械手爪可采用以上三种形式中的任意一种，并用乐高零件搭建出机械手爪原型进行测试检验，如图 4-8～图 4-10 所示，同时结合机械手爪运动方案评价指标体系择优选择。机械手爪运动方案评价指标体系见表 4-6，从评分情况看，以蜗轮蜗杆作为传动机构的机械手爪的得分最高。

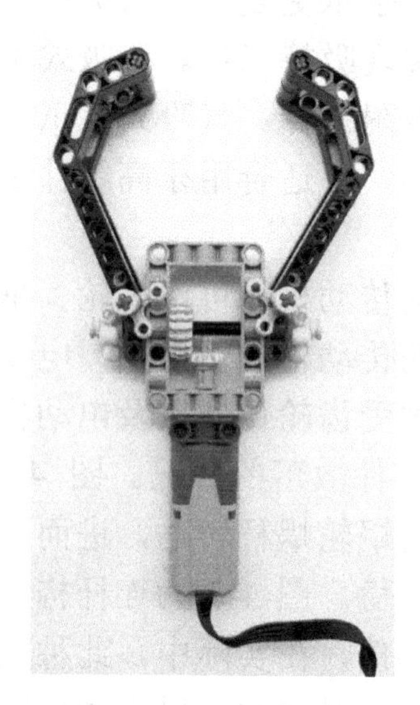

图 4-8　齿轮式手爪原型（方案 A）

图 4-9　蜗轮蜗杆式手爪原型（方案 B）

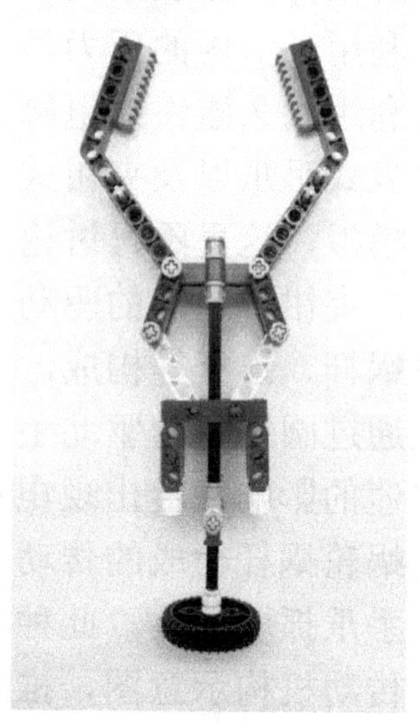

图 4-10　连杆式手爪原型（方案 C）

**表 4-6　机械手爪运动方案评价指标体系**

| 评价标准 | 评价等级 | 评价分数 | 方案 A | 方案 B | 方案 C |
|---|---|---|---|---|---|
| 实现功能要求 | 优 | 10 | | 10 | |
| | 良 | 8 | | | 8 |
| | 中 | 4 | | | |
| | 差 | 0 | 3 | | |
| 工作效率的高低 | 优 | 10 | | 10 | |
| | 良 | 8 | | | 8 |
| | 中 | 4 | 4 | | |
| | 差 | 0 | | | |

续表

| 评价标准 | 评价等级 | 评价分数 | 方案 A | 方案 B | 方案 C |
| --- | --- | --- | --- | --- | --- |
| 机器的可操作性 | 优 | 10 | | 10 | |
| | 良 | 8 | | | 8 |
| | 中 | 4 | 4 | | |
| | 差 | 0 | | | |
| 机器的繁简程度 | 优 | 10 | | | |
| | 良 | 8 | | 8 | 8 |
| | 中 | 4 | 4 | | |
| | 差 | 0 | | | |
| 机器的美观程度 | 优 | 10 | | 10 | |
| | 良 | 8 | 8 | | 8 |
| | 中 | 4 | | | |
| | 差 | 0 | | | |
| 累计评价分数 | | | 23 | 48 | 40 |
| 结论 | | | 方案 B 最佳 | | |

**【综合练习 4-1】**　设计一款智能电风扇。

设计要求：利用蜗杆-连杆组合机构，并结合乐高 SPIKE™ Prime 图形化编程，设计一款能判断出物体距离，并能根据距离远近改变转速的智能电风扇。

项目说明：电风扇摆头机构是一个蜗杆-连杆组合机构，如图 4-11 所示，电机 M 装在摇杆 1 上，驱动蜗杆 $Z_1$ 安装在风扇轴上。蜗轮 $Z_2$ 与连杆 2 固连，其中心与摇杆 1 在 $B$ 点铰接，当电机 M 转动时，带动风扇轴转动，同时驱动蜗杆 $Z_1$ 在电机的驱动下，带动蜗轮 $Z_2$(即连杆 2)回转，从而实现电风扇自动摇头，如图 4-12(a)、(b)所示。

SPIKE™ Prime 科技套装中的智能组件包括 RGB 颜色和光传感器、力敏感触摸传感器、超声波距离传感器和智能集线器。作为核心部分的智能集线器，其面板是一个 5×5 LED(light-emitting diode，发光二极管)矩阵灯式显示屏，显示屏的上方是一个蓝牙按钮，显示屏下方的中心处是一个圆形开关按钮以及左、右两个按钮；智能集线器的两侧有 6 个输入/输出端口(A、B、C、D、E、F)，可用于连接各种传感器和电机，智能集线器的上端有一个 USB 接口，可连接计算机、平板电脑等设备；此外，智能集线器内置一个 6 轴陀螺仪传感器及扬声器，能够检测机器人的运动方向以及发出声音。智能电风扇将会用到智能集线器、超声波距离传感器和电机，如图 4-13 所示。

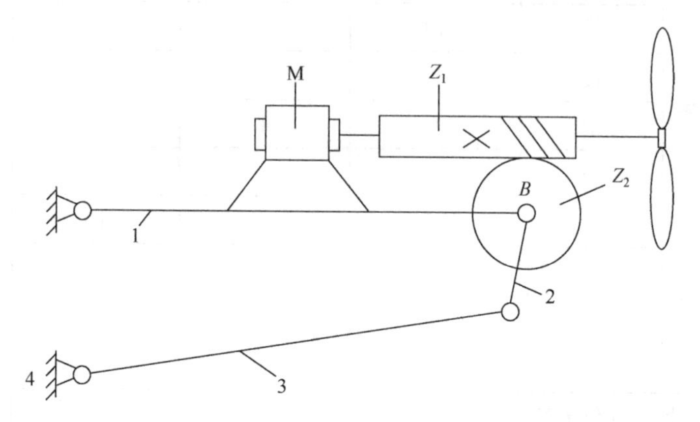


图 4-11　电风扇摆头机构示意图

1-摇杆；2-连杆；3-连架杆；4-机架

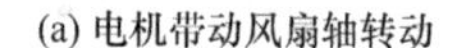

(a) 电机带动风扇轴转动　　(b) 电风扇自动摇头

图 4-12　用乐高零件搭建的电风扇摆头机构原型

SPIKE™ Prime 图形化编程软件的界面包括模块类型区、模块区、编程区、工具栏和下载及储存，如图 4-14 所示。模块类型区，是具有相同属性模块的组合。从其功能上，可以分为电机类、运动类、灯类、声音类、事件类、控制类、传感器类、运算符类、变量类和我的模块，另外，通过扩展，还可以添加天气类、音乐类、显示类模块。模块区，是某一类型模块的积木集合区，为了便于区分，不同类型的模块所对应的积木颜色不同，可以根据颜色快速找到某模块的积木。编程区，主要用于编写程序，可将模块区中的积木直接拖拽至此区域，将这些积木按照一定的先后顺序和逻辑结构卡合在一起，实现一定的功能。工具栏，主要用于控制编程区中模块的缩小、放大或重置缩放，以及程序操作上的撤销或恢复。下载及储存，主要用于下载、运行及停止程序。编写的程序要想上传到智能集线器，需通过 USB 接口或蓝牙将智能集线器与计算机连接，单击“0”选项(存储程序的编号)，在“下载”页面中，可以将程序放在智能集线器中 0 号至 19 号之间的任一编号。

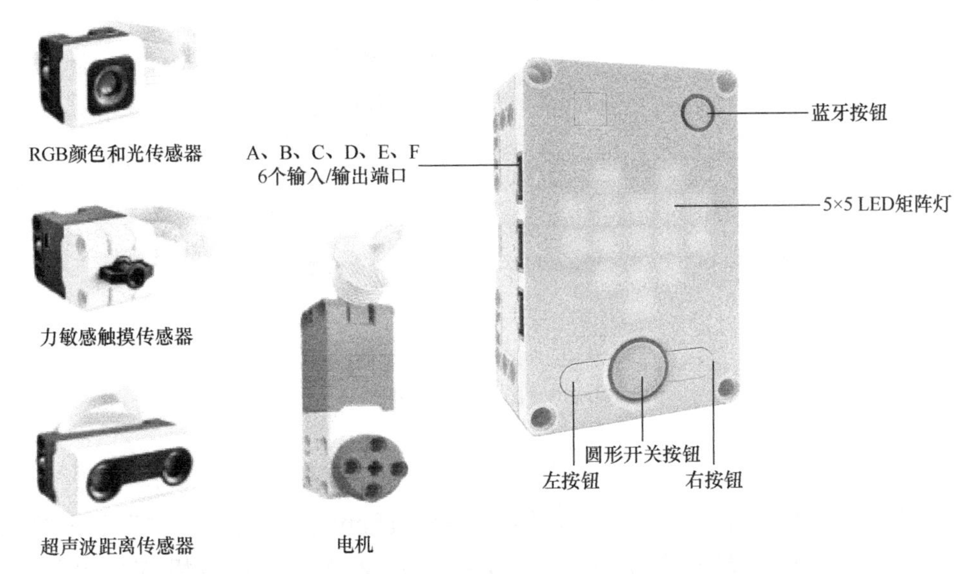


图 4-13　SPIKE™ Prime 科技套装中的智能组件

当创建一个新建项目时，编程区中会出现一个事件类模块中的“当程序启动时”积木。本练习中，主要涉及控制类模块中的带条件判断的积木和无限循环的积木，电机类模块中的启动电机积木、电机速度设置积木、电机运行频率积木、关闭电机积木，以及传感器类模块超声波距离传感器中的检测物体与传感器之间距离的积木，如图 4-15 所示。

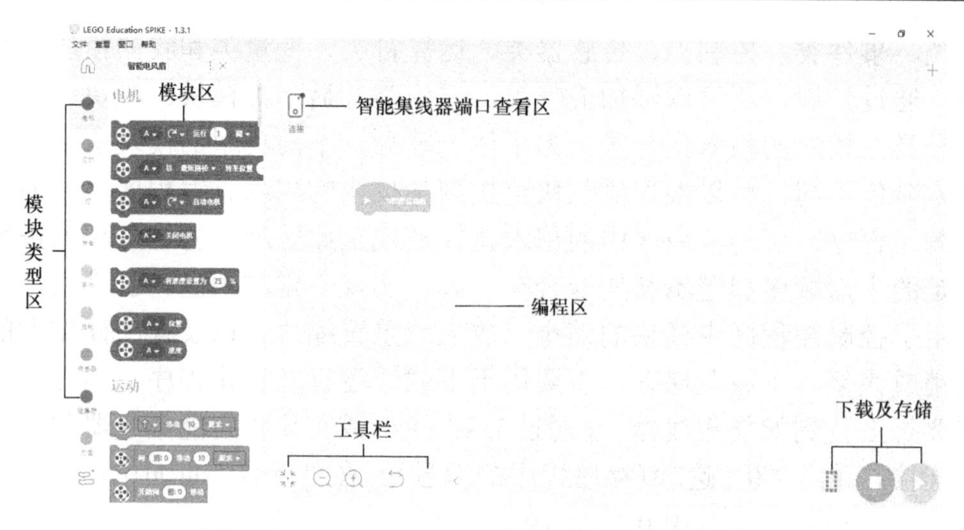


图 4-14　SPIKE™ Prime 图形化编程软件界面

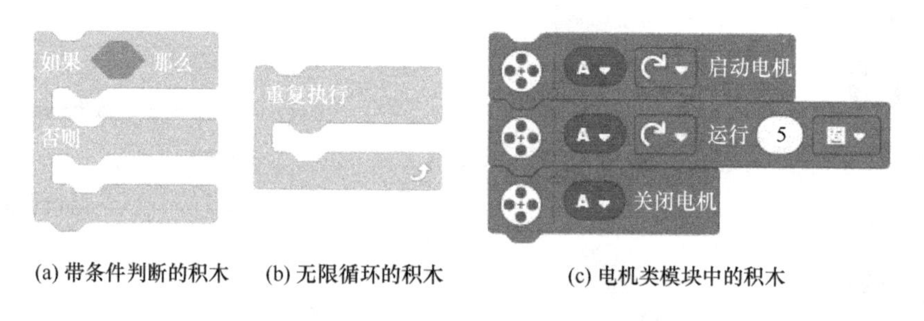


(a) 带条件判断的积木　(b) 无限循环的积木　(c) 电机类模块中的积木

A 是否 近于 15 厘米 ?

(d) 超声波距离传感器中的积木

图 4-15　所用到的积木

例如，若物体离超声波距离传感器在 15cm 内，电风扇转动 5 圈后停止，否则电风扇始终静止不动。首先，搭建模型，将电机连接到输入/输出端口 A，超声波距离传感器连接到输入/输出端口 B，如图 4-16(a)所示。然后，编写程序，进行条件判断，若超声波距离传感器检测到的距离小于 15cm，启动电机并沿顺时针方向转动 5 圈，否则关闭电机，风扇停止转动，并重复循环上述程序，如图 4-16(b)所示。最后，将程序下载到智能集线器的 1 号存储空间中，并运行程序，检查电风扇的转动效果。

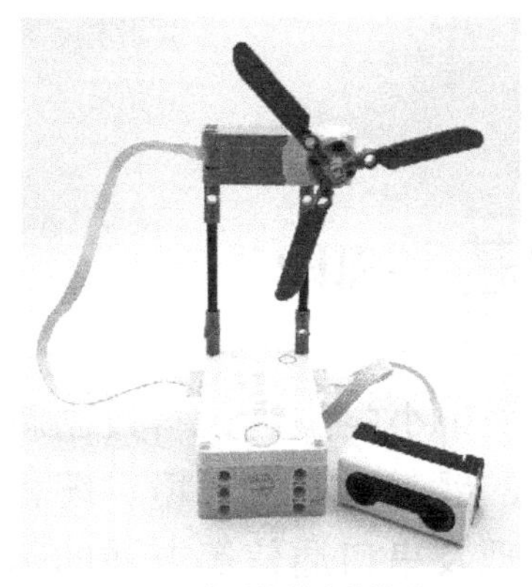

(a) 用乐高零件搭建的模型

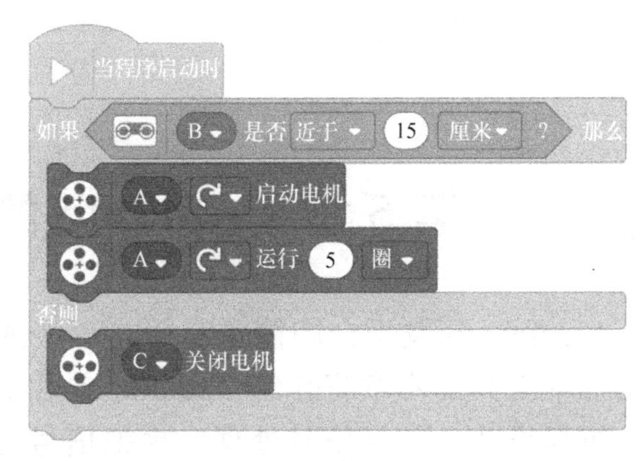


(b) 程序

图 4-16　利用超声波距离传感器检测到的距离作为电风扇是否转动的判断条件

**【综合练习 4-2】**　设计一款绘图仪玩具。

设计要求：利用曲柄摇杆机构，并通过乐高 SPIKE™ Prime 图形化编程控制电机的转速，设计一款绘图仪玩具。

项目说明：绘图仪玩具是一种通过机械旋转机构绘制复杂曲线轨迹的玩具产品。常见的 DIY 绘图仪玩具多为曲柄摇杆机构，电机带动曲柄转动，画笔固定在连架杆的延长部分上，随着曲柄的持续转动，画笔绘制出一条曲线，如图 4-17 所示。放纸张的托盘在电机的驱动下做定轴转动，随着电机的转动，两者同时运动时，就可以绘制出绚烂的曲线轨迹。

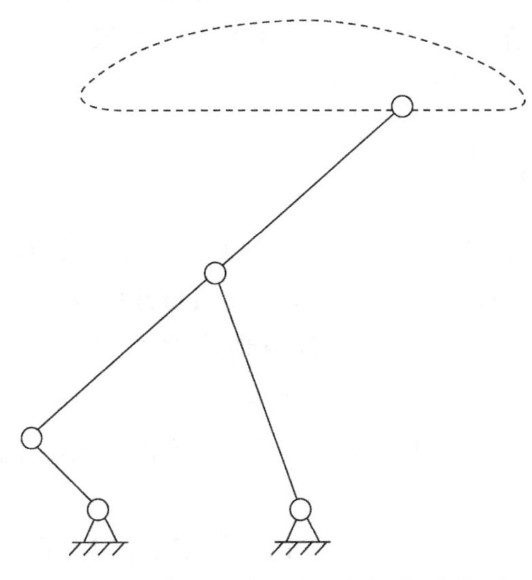

图 4-17　曲柄摇杆所形成的曲线轨迹

# 第 5 章　Arduino 的基础知识

Arduino 开发平台因简单易用，已经成为中小学生进行科技创新设计的基本工具。本章将介绍 Arduino 单片机的缘起、开发环境、编程语言、仿真设计、数字信号处理、模拟信号处理及串口通信等方面的基础知识。本章的结构图如图 5-1 所示。

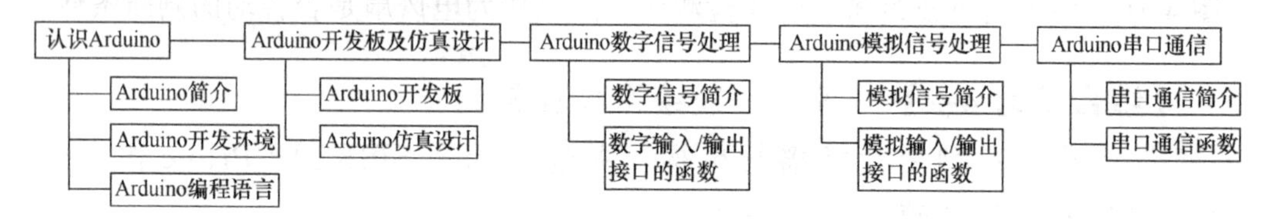


图 5-1　本章的结构图

## 5.1　认识 Arduino

Arduino 开发板具有跨平台开发、使用门槛低、开源和开发成本低的特点，其编程语言以 C/C++语言为基础，开发者仅需掌握 Arduino 开发板的端口作用和一些指令，便可以进行创作。

### 5.1.1　Arduino 简介

Arduino 是由意大利米兰互动设计学院的 Massimo Banzi、David Cuartielles、Tom Lgoe、Gianluca Martino、David Mellis、Nicholas Zambetti 等，于 2005 年开发的一个开源的微控制器系统，包含多种型号的 Arduino 开发板，如 Arduino UNO、Arduino Mega、Arduino Nano、Arduino Fio 等，本章主要介绍 Arduino UNO 开发板（图 5-2）及相应的开发环境 Arduino IDE（图 5-3）。

Massimo Banzi、David Cuartielles 和 David Mellis 秉持开源的理念，采用 Creative Commons（CC）的授权方式公开硬件设计图，在这样的授权

下，任何人都可以复制、再设计甚至出售 Arduino 开发板，很多创客在 Arduino 开发板的基础上设计出各种各样的开发板，如图 5-4 和图 5-5 所示。

图 5-2　Arduino UNO 开发板

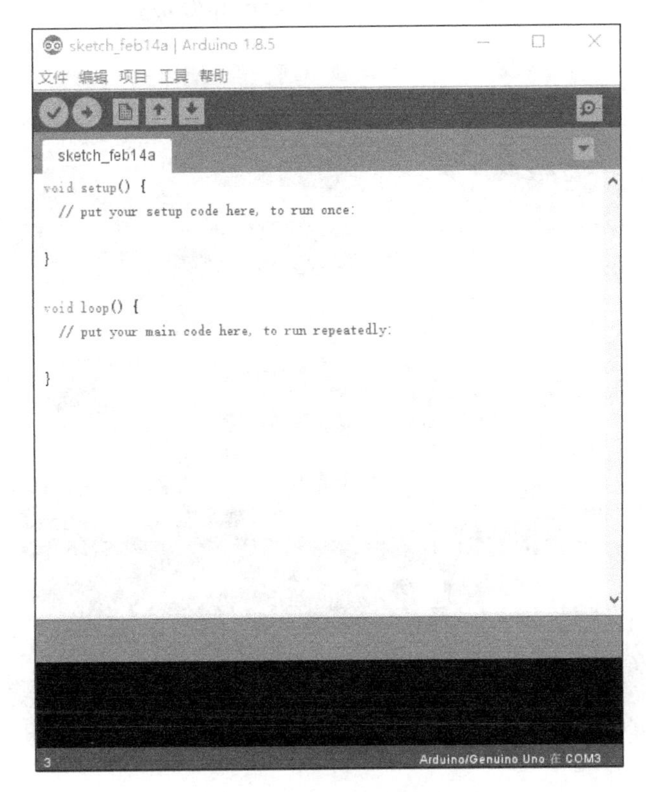


图 5-3　Arduino IDE

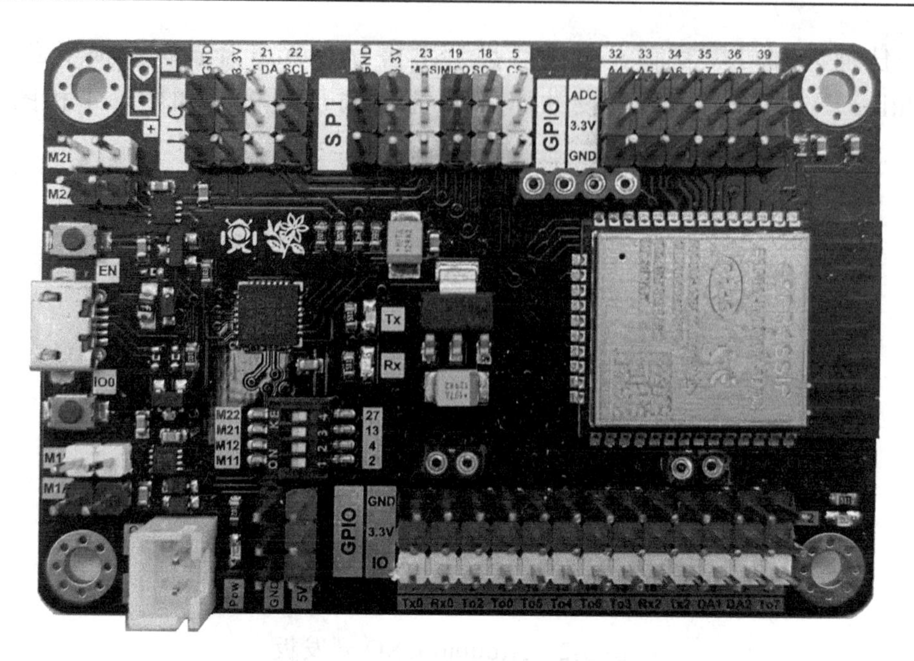


图 5-4　ESP32-KPCB 开发板

图 5-5　BT-Arduino　开发板

使用 Arduino 作为开发平台的主要优势为跨平台开发、使用门槛低、开源和开发成本低。

跨平台开发，体现在 Arduino IDE 可以在 Windows、Mac OS X 和 Linux 三大主流操作系统上运行，而其他的大多数控制器只能在 Windows 上开发。

使用门槛低，是指开发者可以不懂硬件知识，也无须了解其内部硬件结构和寄存器设置，仅知道它的端口作用，稍微懂一点 C 语言，掌握少数几个指令，就可用 Arduino 单片机编写程序。

开源，是指 Arduino 的硬件原理图、电路图、IDE 软件及核心库文件都是开源的，在开源协议范围内可以任意修改原始设计及相应代码[11]。此外，开发者能从 Arduino 相关网站、博客、论坛里获得大量的共享资源，极大地加速了开发进程。

开发成本低，体现在 Arduino 开发板的价格上，相对于其他开发板，Arduino 开发板及其周边产品相对质优价廉，例如，Arduino UNO 开发板的价格在 150 元左右，降低了学习和开发成本。此外，Arduino 烧录代码不需要烧录器，直接用 USB 就可以完成下载。

### 5.1.2　Arduino 开发环境

1. 安装 Arduino IDE

在使用 Arduino 之前，需要从 Arduino 官网下载并安装 Arduino IDE，在下载页面中，能找到 Windows、Mac OS X 和 Linux 三个系统上的 Arduino IDE 安装版本。

在 Windows 系统下，有两种下载版本，分别是 Windows 标准安装版(Windows Win7 and newer)和 Windows ZIP 压缩文件。Windows 标准安装版中包含 Arduino IDE 软件和 USB 驱动，下载安装包，并运行其中的.exe 文件，按照安装向导的操作指引即可完成安装。Windows ZIP 压缩文件中包含与 Windows 标准安装版中相同的内容，但其无法自动安装 USB 驱动，必须手动安装，否则 Arduino 与 Windows 系统无法进行通信。

在 Mac OS X 系统下，下载并解压 ZIP 文件，双击 Arduino.app 文件进入 Arduino IDE。如果系统还没有安装过 Java 运行库，则会提示用户进行安装，安装完成后即可运行 Arduino IDE。

在 Linux 系统下，需要使用 make install 命令进行安装，如果使用的是 Ubuntu 系统，则推荐直接使用 Ubuntu 软件中心来安装 Arduino IDE。

2. Arduino IDE 界面

Arduino IDE 界面包括菜单栏、工具栏、项目选项卡、代码编辑区、调试提示区和型号及端口号，如图 5-6 所示。

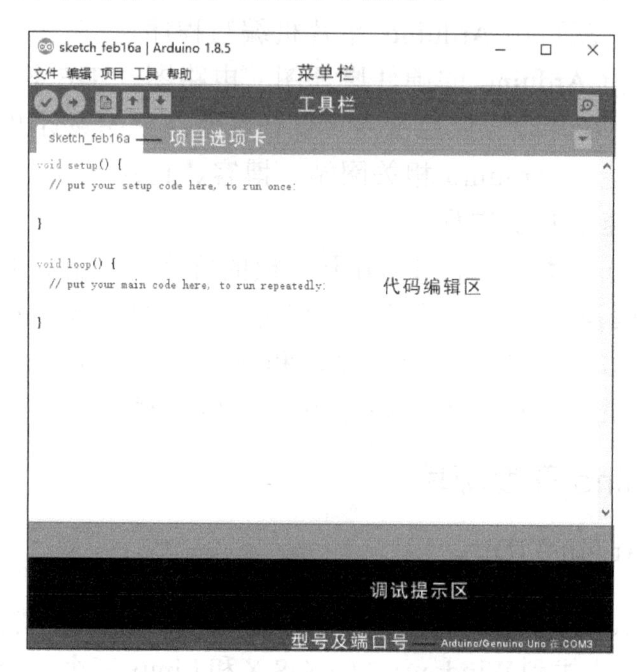


图 5-6　Arduino IDE 界面介绍

在菜单栏，开发者可以打开、新建项目文件，对代码进行编辑，验证、上传项目，以及参考官方例程对 Arduino IDE 进行设置等。

在工具栏中，以快捷图标的形式呈现出开发者最常用到的功能快捷键按钮，从左向右的功能快捷键按钮图标依次为验证( )、上传( )、新建( )、打开( )、保存( )和串口监视器( )。验证按钮用来验证程序是否编写无误，若无误则编译该程序。上传按钮用来将编译好的程序上传到 Arduino 控制器上。新建按钮是指新建一个项目文件。打开按钮是指打开一个项目文件。保存按钮是指保存当前项目文件。串口监视器是 Arduino IDE 自带的一个简单的串口监视器程序，可以向 Arduino 串口发送数据，也可以从 Arduino 串口接收数据，如图 5-7 所示。当向 Arduino 串口发送数据时，仅需在串口监视器的顶部输入框中输入字符，单击“发送”按钮，输入的字符将通过串口发送到 Arduino 电路板。

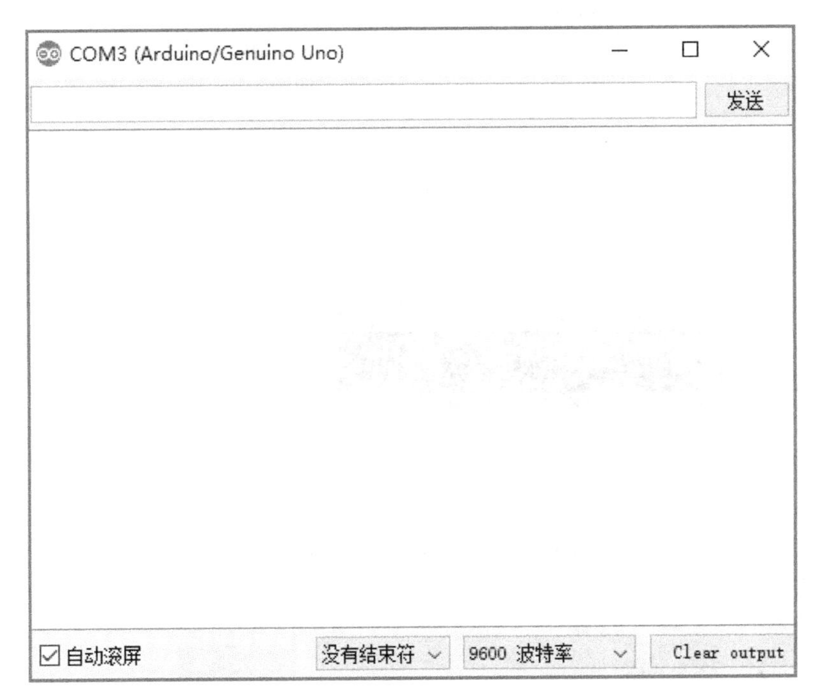


图 5-7　串口监视器的界面

项目选项卡中显示了当前项目的名称。

开发者可以在代码编辑区中对程序代码进行编辑，当输入代码时，要在英文输入法下输入符号和字母，避免汉字字符的出现。

调试提示区会在程序调试过程中给出相应的提示。

型号及端口号显示 Arduino 电路板的型号和端口号。在正式开始工作前，开发者要先检查 Arduino 型号及端口号的配置。在菜单栏选择“工具”→“开发板”选项，在列表中选择所使用的开发板类型，本书中所使用的开发板是 Arduino UNO，此外 Genuino Uno 是 Arduino UNO 构架体系中的最新版本，如图 5-8 所示。然后检查串口设置，在菜单栏中选择“工具”→“端口”选项，选择 Arduino UNO 的 COM 端口号，如

图 5-9 所示，在 Windows 系统中，开发者可以在设备管理器的端口设备树中找到分配给 Arduino 的 COM 端口号。

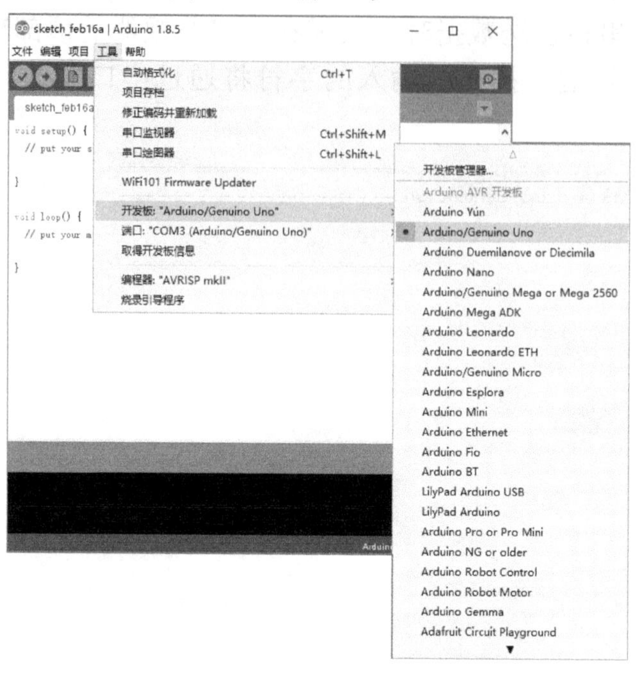


图 5-8　设置 Arduino 开发板型号

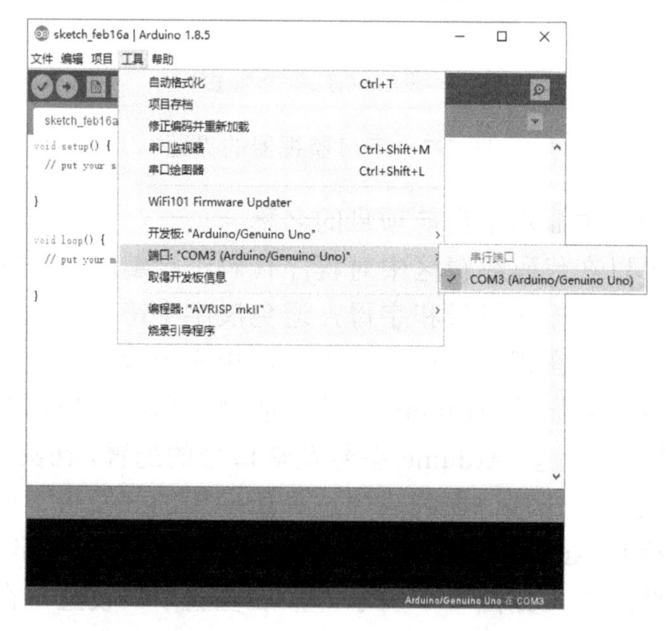


图 5-9　选择 Arduino 端口号

### 3. Arduino 自带示例和类库

Arduino IDE 中自带 Basics(基础)、Digital(数字)、Analog(模拟)、Communication(通信)、Control(控制)、Sensors(传感器)、Display(显示)、Strings(字符串)等 11 种示例，如图 5-10 所示。每种示例中又包含多个小程序，使初学者能很快上手。以 Basics、Digital、Analog 3 种示例为例，自带示例中的小程序功能如表 5-1 所示。

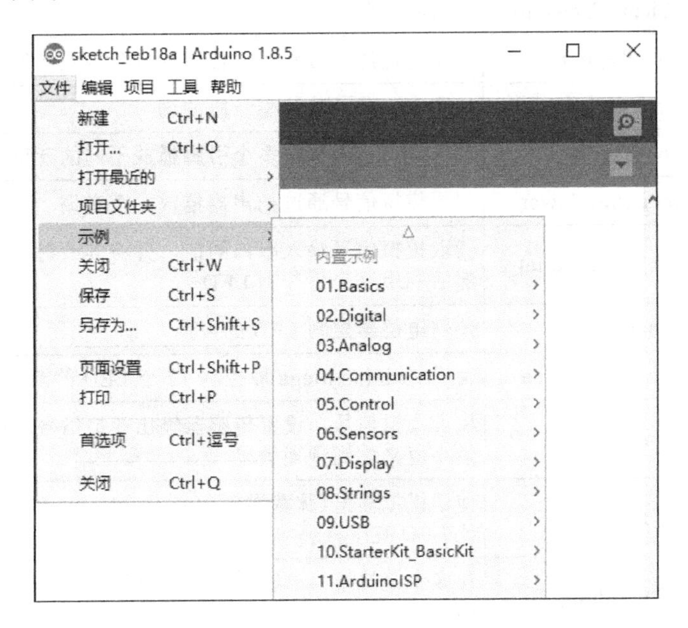


图 5-10　Arduino IDE 示例

**表 5-1　Arduino IDE 示例举例**

| 示例 | 小程序 | 功能 |
|---|---|---|
| Basics | AnalogReadSerial | 读取电位器的值，并打印到串口监视器 |
| | BareMinimum | 介绍 Arduino 工程最基本的组成部分 |
| | Blink | 点亮在 D13 引脚的板载 LED，并使其闪烁 |
| | DigitalReadSerial | 读取一个数字引脚的开关状态，并将其输出到串口监视器 |
| | Fade | 使用模拟信号对 LED 渐变地关闭 |
| | ReadAnalogVoltage | 读取模拟信号，并把结果打印到串口监视器 |

续表

| 示例 | 小程序 | 功能 |
|---|---|---|
| Digital | BlinkWithoutDelay | 不使用 delay()函数，实现 LED 闪烁 |
| | Button | 用按钮控制内置引脚 D13 的 LED |
| | Debounce | 读取按键状态，并滤去干扰 |
| | DigitalInputPullup | 演示 pinMode()函数 INPUT_PULLUP 的使用 |
| | StateChangeDetection | 按键状态监测 |
| | toneKeybord | 展示通过压力传感器并使用 tone()函数产生不同的音高 |
| | toneMelody | 使用 tone()函数演奏一段曲调 |
| | toneMultiple | 使用 tone()函数在多个引脚播放不同的音符 |
| | tonePitchFollower | 根据模拟信号通过扬声器播放一个音调 |
| Analog | AnalogInOutSerial | 读取模拟信号输入串口的值，并将其映射到 0～255，然后利用这个值控制 LED |
| | AnalogInPut | 使用电位器控制 LED 的闪烁 |
| | AnalogWriteMega | 使用 Arduino Mega 板控制 12 个 LED 的渐变 |
| | Calibration | 校准模拟信号，设置传感器输出模拟信号的最大值、最小值来达到预期效果 |
| | Fading | 使用模拟输出(脉宽调制(pulse width modulation，PWM))让 LED 亮度减弱 |
| | Smoothing | 让多个模拟接口的输入值变为平均值，并演示使用数组存储数据 |

Arduino 提供了大量的官方自带类库和第三方类库，提高了开发效率及程序的可读性，开发者可根据自身需要，使用这些类库。开发者还能在 www.arduino.cc 和 www.arduino.cn 等开源社区上找到更多的类库。Arduino 常见的类库有 Bridge、GSM、Servo 等[12]，如表 5-2 所示。

**表 5-2　Arduino 类库举例**

| 类库 | 功能 |
|---|---|
| Bridge | 开发板之间的桥接库，应用于开发板的直接通信 |
| GSM | 全球移动通信模块库 |
| Servo | 用于操作模拟舵机和数字舵机的库 |

续表

| 类库 | 功能 |
| --- | --- |
| Esplora | Esplora 游戏手柄库 |
| Firmata | Arduino 与 PC 的通信协议库 |
| SPI | 串行外设接口库，用于连接支持 SPI 的外设 |
| Wire | 通过 IIC 总线通信连接设备 |
| TFT | TFT 屏模块库，可操作大部分 TFT 液晶屏 |
| LiquidCrystal-I2C | 1602 液晶屏库 |
| Wi-Fi | Wi-Fi 模块库，用于创建和连接 Wi-Fi |

### 5.1.3　Arduino 编程语言

Arduino 编程语言是建立在 C/C++语言基础上的，即以 C/C++语言为基础，通过把与 AVR 单片机(微控制器)相关的一些寄存器的参数设置等进行函数化，使开发者不用了解它的底层，便于不太了解 AVR 单片机(微控制器)的开发者快速地使用。

1. 程序结构

Arduino 的程序结构主要包括两部分：void setup()和 void loop()。Arduino 的语法符号有大括号“{}”、分号“;”，每条语句以分号“;”结尾，每段程序以大括号“{}”括起来，如果是单行的注释则可使用“//”，如果是多行的注释，则以/*开头，并用*/结尾。

当 Arduino 上电时，首先调用 setup 函数，setup 函数用于初始化变量、引脚模式、调用库函数等，setup 函数定义如下：

```
void setup() {
// 在这里填写 setup()函数代码，它在上电和复位时只运行一次
}
```

在调用 setup 函数之后，就开始不断循环执行 loop 函数，实时控制 Arduino 开发板，直到 Arduino 断电。loop 函数是 Arduino 的程序主体，

loop 函数定义如下：

```
void loop() {
// 在这里填写 loop() 函数代码，它会被不断地循环执行
}
```

2. 常量、变量与数据类型

常量可以是字符也可以是数字，通常适用于语句：

```
#define 常数名 常数值
```

在 Arduino 中，当 HIGH 或者 LOW 表示数字输入/输出接口的电平时，HIGH 表示高电平(1)，LOW 表示低电平(0)。

变量是相对于常量而言的，程序中定义变量的方式是：

```
数据类型  变量名;
```

基本的数据类型有以下几种。

1)整型

(1)int：整数型，占用 2 字节，整数的取值范围是−32768～32767。

(2)unsigned int：无符号整型，占用 2 字节，只存储正数而不存储负数，取值范围是 0～65535。

(3)long int：长整型，是扩展的数字存储变量，占用 4 个字符，取值范围是−2147483648～2147483647。

(4)unsigned long int：无符号长整型，不能存储负数，占用 4 字节，取值范围是 0～4294967295。

2)浮点型

在 Arduino 中，有 float 和 double 两种浮点类型。

(1)float：单精度型，就是有一个小数点的数字，浮点运算速度比执行整数运算慢,通常把浮点运算转换为整数运算来提高速度,占用 4 字节，浮点数的取值范围是$-3.4028235\times10^{38}$～$3.4028235\times10^{38}$，有效位为 7 位。

(2) double：双精度型，占用 4 字节，目前 Arduino 中的 double 与 float 的精度是一样的，在 Arduino DUE 中，double 类型占用 8 字节。

3) 字符型

char：字符型，占用 1 字节，主要用于存储字符表量，大多数系统都采用 ASCII 字符集来表示字符代码。在存储字符时，字符需要用单引号引用，如：

```
char c='A';
```

4) 逻辑型

bool：逻辑型即 bool 类型，占用 1 字节，它的值只有两个，true(真)和 false(假)。

### 3. 运算符

1) 算术运算符

基本的算术运算符有+、–、*、/、%共 5 个，分别为加、减、乘、除、求余运算符。加、减、乘、除运算符的运算对象可以是整数，也可以是实数，求余运算符的运算对象是整数。

2) 关系运算符

关系运算符有如下 6 种：<(小于)、<=(小于等于)、>(大于)、>=(大于等于)、==(等于)、!=(不等于)。由关系运算符构成的关系表达式的一般形式为

```
<变量 1> 关系运算符  <变量 2>
```

例如，变量 1 为 a，变量 2 为 b，关系运算符为<=，则关系表达式为

```
a<=b
```

3) 逻辑运算符

逻辑运算符有 3 种：&&(逻辑与运算)、||(逻辑或运算)、！(逻辑非

运算）。&&（逻辑与运算）只有在两个操作数都为真时才返回真；||（逻辑或运算）在任意一个操作数为真时返回真；!（逻辑非运算）在操作数为假时返回真。

4）赋值运算符

赋值运算符的作用是将一个数据或表达式的值赋给一个变量，赋值表达式的一般形式为

```
变量　赋值运算符　表达式
```

在赋值表达式中，计算的最终结果会被转换为被赋值的变量的类型，如下面的这段代码，浮点数 f 并没有得到预期的结果 3.33，而是得到 3.0。

```
float f;
int i ;
f=i=3.33;
```

5）复合运算符

复合运算符有如下 8 种：++（自加）、--（自减）、+=（复合加）、-=（复合减）、*=（复合乘）、/=（复合除）、&=（复合与）、|=（复合或），例如：

```
i++;      // 相当于 i=i+1;
i-=10;    // 相当于 i=i-10;
i&=10;   // 相当于 i=i&10;
```

4. 数组

数组是由一系列相同类型的数据构成的有序集合。在声明数组时，需要指定数组中元素的类型以及数组的长度。

```
类型说明符　数组名[数组长度];
```

其中，数组名的第一个字母应为英文字母，数组长度定义了数组元

素的个数，数组的下标从 0 开始，如果定义 5 个元素，即从第 0 个元素至第 4 个元素，数组可直接在声明时初始化，例如：

```
int a[5]=[2,6,-5,1,9];
```

因此，a[0]==2，a[1]==6，以此类推。

5. 控制语句

Arduino 控制语句主要有选择结构、循环结构和跳转语句。

1) 选择结构

(1) if 语句。

if 语句是最常用的选择结构实现方式，当给定的表达式为真时，就会执行其后的语句。if 语句有简单分支结构、双分支结构和多分支结构三种。

简单分支结构的基本形式如下：

```
if(表达式 P)
{
语句 A;
}
```

这个语句表示当表达式 P 为真时，执行语句 A，否则不执行。

双分支结构增加了一个 else 语句，用于处理选择结构的另一种情况，当给定的表达式 P 为假时，便运行 else 后的语句 B，双分支结构的基本形式如下：

```
if(表达式 P)
{
 语句 A;
else
语句 B;
}
```

当条件判断不只是简单的真、假两种情况，需要多分支结构判断多种不同的情况时，if 和 else 放置在同一行中，形成 else if 语句，形式如下：

```
 if(表达式 P)
{
  语句 A;
}
else if(表达式 Q){
语句 B;
}
else if(表达式 R){
语句 C;
}
......
```

(2) switch 语句。

当需要根据不同取值执行相应的程序流程时，使用 switch...case 语句，当 switch 语句通过判断表达式的值与某个 case 语句中指定的值相等时，就执行此 case 后面的语句。执行完一个 case 后面的语句后，流程控制转移到下一个 case 语句继续执行。break 关键字将中止并跳出 switch 语句段，常用于每个 case 语句的最后面。switch...case 语句的形式如下：

```
switch(表达式)
 {
  case 常量表达式 1;
语句 1
break;
case 常量表达式 2;
语句 2
```

```
break;
case 常量表达式 3;
语句 3
break;
......
default;
语句 n
break;
}
```

2)循环结构

(1)while 语句。

while 语句是最简单的循环控制语句，其格式如下：

```
while(表达式 P)
 {
 循环体语句 A;
}
```

当执行 while 语句时，首先判断表达式 P 是否为真，如果为真，语句 A 将会连续无限地循环。

(2)do 语句。

do 语句与 while 语句类似，不同的是，do 语句首先执行循环体内的语句，然后才进行循环控制表达式的检验，所以 do 循环至少执行一次循环体内的语句。do 语句也称为 do...while 语句，其格式如下：

```
do
 {
 循环体语句 A;
}while(表达式 P);
```

(3) for 语句。

for 语句是更加明确地用计数方式进行循环的程序结构，for 语句的一般格式如下：

```
for(初始化部分;条件判断部分;变量增值或减值部分){
 循环体语句 A;
}
```

初始化部分被首先求解，然后进行条件判断，若其值为真，则执行 for 语句中指定的循环体语句，然后进行变量增值或减值，再转回条件判断部分，直至循环结束。若其值为假，则结束循环。

3) 跳转语句

(1) break 语句。

break 语句用于中止 do、while 或 for 循环，会终止循环而执行整个循环体语句后面的代码，break 通常搭配 if 语句一起使用，其一般形式为

```
if(表达式)
{
 break;
}
```

(2) continue 语句。

continue 语句跳过一个(do、while 或 for)循环体中剩余的语句而强制进入下一次循环，并判断是否开始写一次循环。同样，continue 一般搭配 if 语句一起使用，其一般形式为

```
if(表达式)
{
  continue;
}
```

**【综合练习 5-1】** 运用 Arduino IDE 自带的 Blink 示例了解开发流程。

Arduino 项目的开发流程一般包括编辑程序、编译程序、上传程序和运行程序 4 个阶段。

(1) 编辑程序。

编辑程序是项目开发的第一步，使用编辑器，输入程序代码。这里我们直接在菜单栏打开“文件”→“示例”→01. Basics→Blink，这时在主编辑窗口会出现可以编辑的程序，具体如下：

```
/*
 Blink
 LED 先通电 1s,然后断电 1s,重复执行
*/
// 当按下复位键和电源键时，setup 函数中的代码只执行一次
void setup() {
// 初始化数字引脚 13 为输出
 pinMode(13, OUTPUT);
}
// loop 函数会一直循环
void loop() {
  digitalWrite(LED_BUILTIN, HIGH);// 打开 LED (高电平)
  delay(1000);                    // 延时 1s
  digitalWrite(LED_BUILTIN, LOW); // 关闭 LED (低电平)
  delay(1000);                    // 延时 1s
}
```

上述程序的基本功能是让 Arduino 电路板上连接到数字引脚 13 且标注 L 的 LED 每秒闪烁一次。程序中的 pinMode() 用来设置引脚的作用为输出或输入，示例中将数字引脚 13 设置为输出；digitalWrite() 是向 LED 变量写入相关的值，使 LED 的电平发生变化，HIGH 为高电平，LED 被打开，LOW 为低电平，LED 被关闭；delay() 是设置延时的时间，单位是 ms，示例中延时 1000ms，即延时 1s。

(2) 编译程序。

单击工具栏上的验证图标（✓），或者选择菜单栏中的“项目”→“验证/编译”选项，将程序编译成 Arduino 可以识别的机器码，如图 5-11 所示。编译完成后，可以在调试提示区中看到显示程序已经编译完成的提示，以及编译结果所占用的空间大小，如图 5-12 所示。

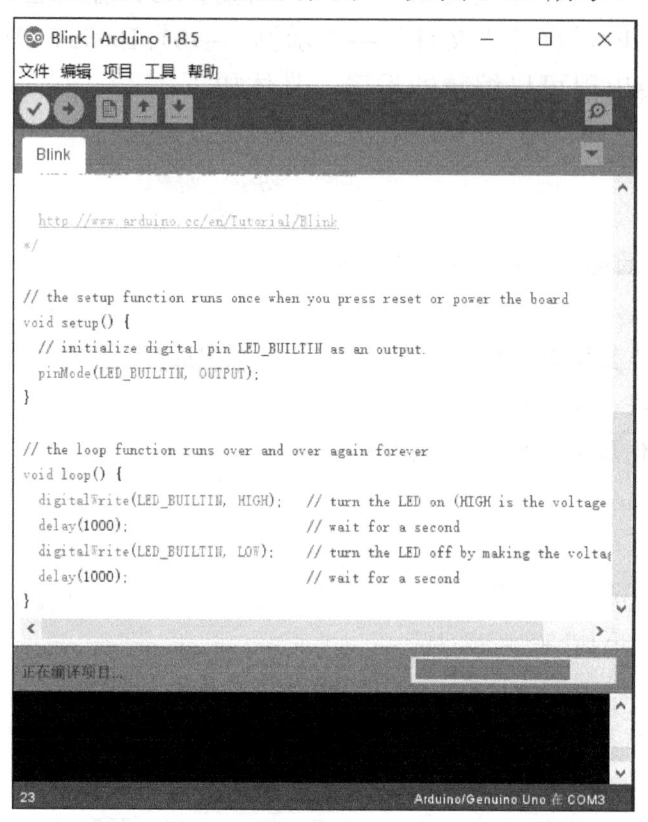


图 5-11　程序在编译中

如果程序中有任何错误，导致编译失败，也会在调试提示区中显示出错的信息。同时，代码编辑区中会将出错的代码行高亮显示。程序编译完成后，接下来就是上传到 Arduino 电路板了。

(3) 上传程序。

上传程序前，将 Arduino 电路板与计算机通过 USB 连接，并确认 Arduino IDE 中的 Arduino 电路板的型号和端口号是否正确。然后，单击工具栏中的上传图标（→），或者选择菜单栏中的“项目”→“上传”选

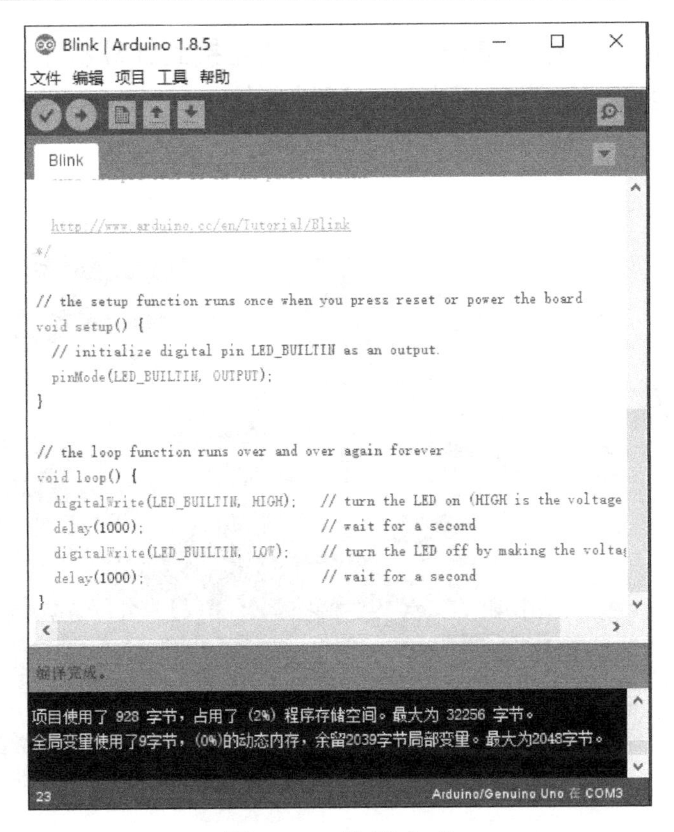


图 5-12　编译完成

项，就可以完成上传。上传开始后，可以看到 Arduino 电路板上的 TX 和 RX 的 LED 闪烁，表示数据正在传输。传输完成后，在调试提示区中显示上传成功，如图 5-13 所示。

图 5-13　上传成功

(4) 运行程序。

现在程序已经上传到 Arduino 电路板，标注 L 的 LED 开始闪烁，如图 5-14 所示。运行 Arduino，除了将其连接到计算机上，还可以用外部电源如电池盒、直流稳压电源，通过连接 Arduino 电路板上的插座为 Arduino 供电。

图 5-14　标注 L 的 LED 开始闪烁

# 5.2　Arduino 开发板及仿真设计

本节主要介绍 Arduino UNO 开发板以及图形化仿真设计平台 Fritzing。

## 5.2.1　Arduino 开发板

Arduino 有多种开发板，如 Arduino UNO、Arduino Due、Arduino Leonardo、Arduino Mega、Arduino Nano、Arduino Fio 等，目前 Arduino UNO 的使用最为广泛，并易于被初学者掌握，本节着重介绍 Arduino UNO 开发板。

### 1. Arduino UNO 开发板简介

Arduino UNO 由 ATmega328 微控制器、ATmega16U2 USB 接口芯片、

电源系统、外设接口、程序下载接口(ICSP)组成，如图 5-15 所示。Arduino UNO 开发板的主要参数如表 5-3 所示。

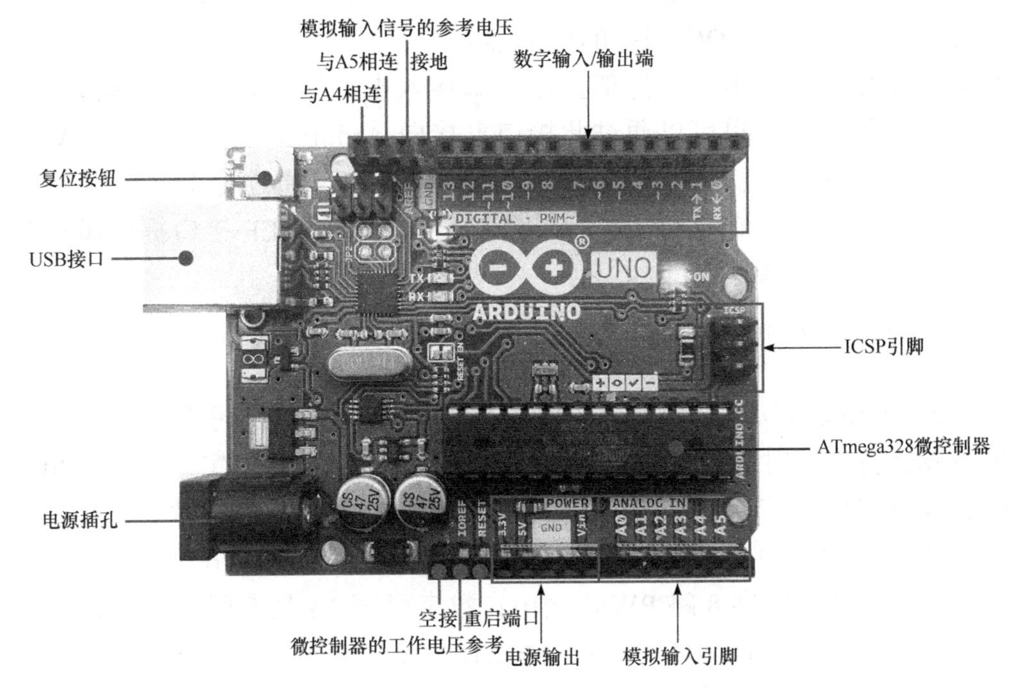


图 5-15　Arduino UNO 开发板的组成部分

**表 5-3　Arduino UNO 开发板的主要参数**

| 参数 | 型号 |
| --- | --- |
| 微控制器 | ATmega328 |
| 架构 | AVR |
| 工作电压 | 5V |
| 输入电压 | 7～12V |
| 数字输入/输出接口 | 14(6 路 PWM 输出) |
| 模拟输入/输出接口 | 6 |
| 时钟频率 | 16MHz |

### 2. 电源

Arduino UNO 可以通过 USB 连接计算机或外部电源供电。外部(非 USB)电源可以用带 DC 插头的电池盒，将其插入 Arduino UNO 电路板的电源插孔进行供电。当外部直流电源接入电源插孔时，可以通过 Vin 接口向外部供电，也可以通过此接口直接向 Arduino UNO 供电。5V 接口通过电路板上的稳压器输出 5V 电压。3.3V 接口通过稳压器产生 3.3V 电压，最大驱动电流为 50mA。GND 接口接地。IOREF 接口提供微控制器的工作电压参考。

### 3. 输入与输出

Arduino UNO 电路板的 0～13 引脚为数字输入/输出引脚，为了和模拟引脚区分，有时会在数字前面加上 D(代表 Digital，数字)，写成 D0～D13。0(RX)和 1(TX)用于接收(RX)和发送(TX)TTL 串行数据；数字引脚 2 和 3 是触发中断的引脚；数字端口标有“～”符号的 6 个引脚(3、5、6、9、10 和 11)提供 8 路 PWM 输出；数字引脚 13 是专门用于测试保留的引脚。此外，SPI(10(SS)、11(MOSI)、12(MISO)、13(SCK))引脚支持使用 SPI 库的 SPI 通信。

Arduino UNO 电路板的 A0～A5 引脚为模拟引脚，每个模拟输入都具有 10 位的分辨率(1024 个不同的数值)，默认输入信号范围为 0～5V，但是可以利用 AREF 改变范围的上限值。AREF 引脚为模拟输入信号的参考电压。

### 4. Arduino 开发板与传感器和执行器

如果将 Arduino 开发板看成具有控制能力的人类大脑，那么传感器就相当于人的眼睛、耳朵和鼻子，用于收集周围环境的信息，利用电子信号告知大脑(Arduino 开发板)，使大脑能依据这些信息做出明智的决策，执行器就相当于人的手和脚，根据大脑的指令做出相应的动作。

传感器有很多种，每一种读取不同的环境信息。常见的传感器有超声波距离传感器、气体传感器、温湿度传感器、压力传感器、光敏传感器等。执行器有电机、发光二极管、蜂鸣器等。

## 5.2.2　Arduino 仿真设计

Arduino 仿真设计平台有很多种，如 Virtual Breadboard、Proteus 和 Fritzing。图形化的 Fritzing 为设计者提供面包板、原理图和 PCB 图三种视图设计，当设计者采用任意一种视图设计时，软件都会同时生成其他视图，极大地方便了设计者，因而被广泛使用。

1. Fritzing 软件介绍

Fritzing 主界面包括菜单栏、项目视图和工具栏，如图 5-16 所示。

菜单栏中有“文件”、“编辑”、“元件”、“视图”、“窗口”、“布线”和“帮助”。设计者可以在“文件”中新建、打开、保存项目；在“编辑”中可以对电子元件进行复制、粘贴等操作，并可对 Fritzing 进行参数设置；在“元件”中可以进行编辑、旋转以及对齐元件等操作；在“视图”中，可以调整项目视图大小，任意切换面包板、原理图和 PCB 图三个视图等；在“窗口”中，可以调整工具栏中元件库、指示栏、撤销历史栏和层结构等子工具栏的显示；在“布线”中，可以显示未布线等；在“帮助”中，可以连接 Fritzing 官网，查找在线帮助文档、在线项目库、在线元件参考等。

项目视图包括面包板视图、原理图视图、PCB 视图。初学者多利用面包板视图来构建电路，电路原理图也会随即生成。

工具栏中包括元件库、指示栏、撤销历史栏和层结构。元件库有 CORE 库、MINE 库、Arduino 库、SparkFun 库、seeed Studio 库、Snootlab 库、Parallax 库、Picaxe 库等子元件库。常用的是 CORE 库、MINE 库和 Arduino 库，CORE 库里包含许多常用的基本电子元件，如电阻、电容、发光二极管、三极管等，还有常见的输入/输出元件、电源、单片机、集成电路元件等，如图 5-17 所示。MINE 库主要放置设计者自己常用的元件或添加的 Fritzing 所缺少的元件。Arduino 库中主要放置 Arduino UNO、Arduino Mega、Arduino Nano、Arduino Fio 等开发板。

工具栏中的指示栏显示所选中元件的相关信息，包括该元件的名称、便签及在三种视图下的形态、类型、属性和连接数等。撤销历史栏中详细记载了设计者的设计步骤，设计者可随时回撤到任一设计步骤。层结

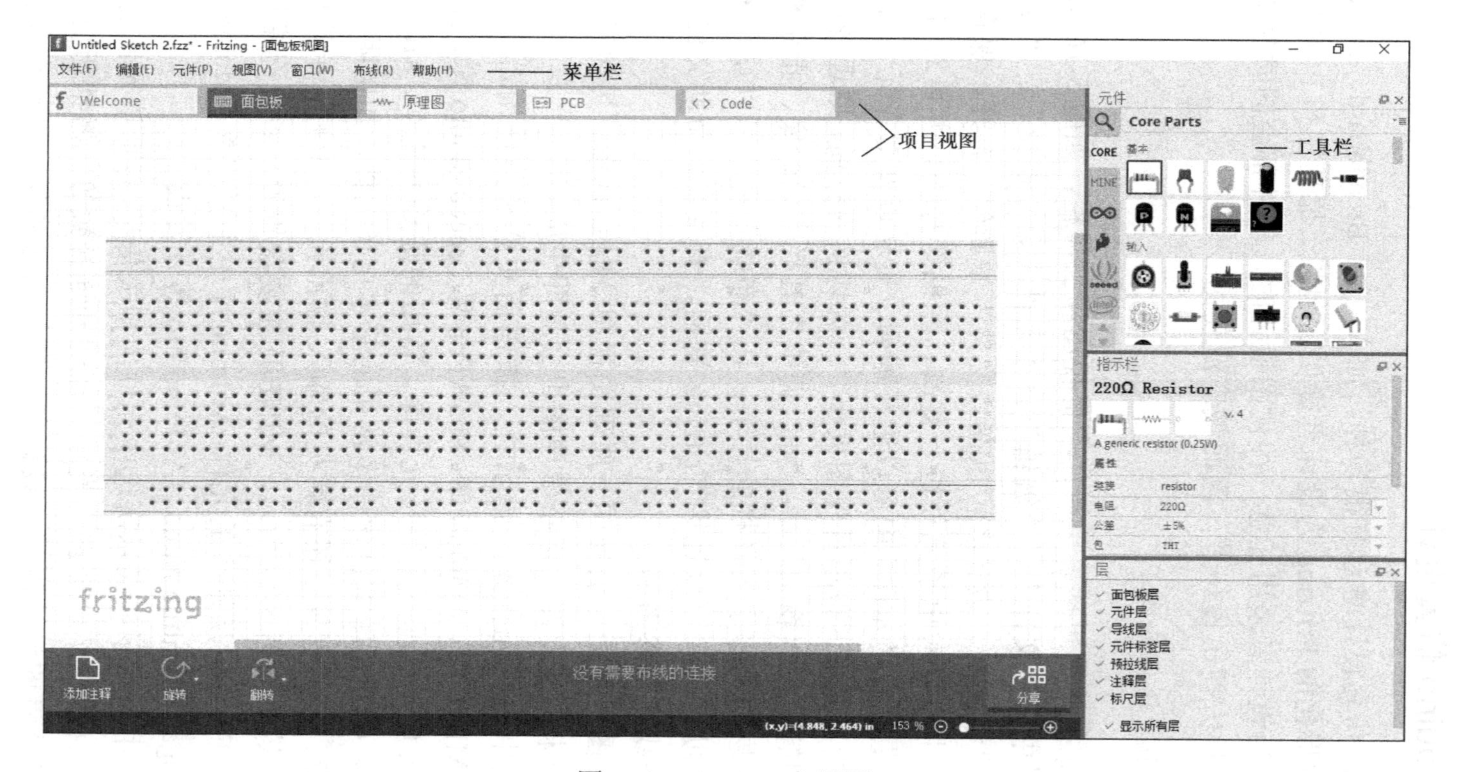


图 5-16　Fritzing主界面

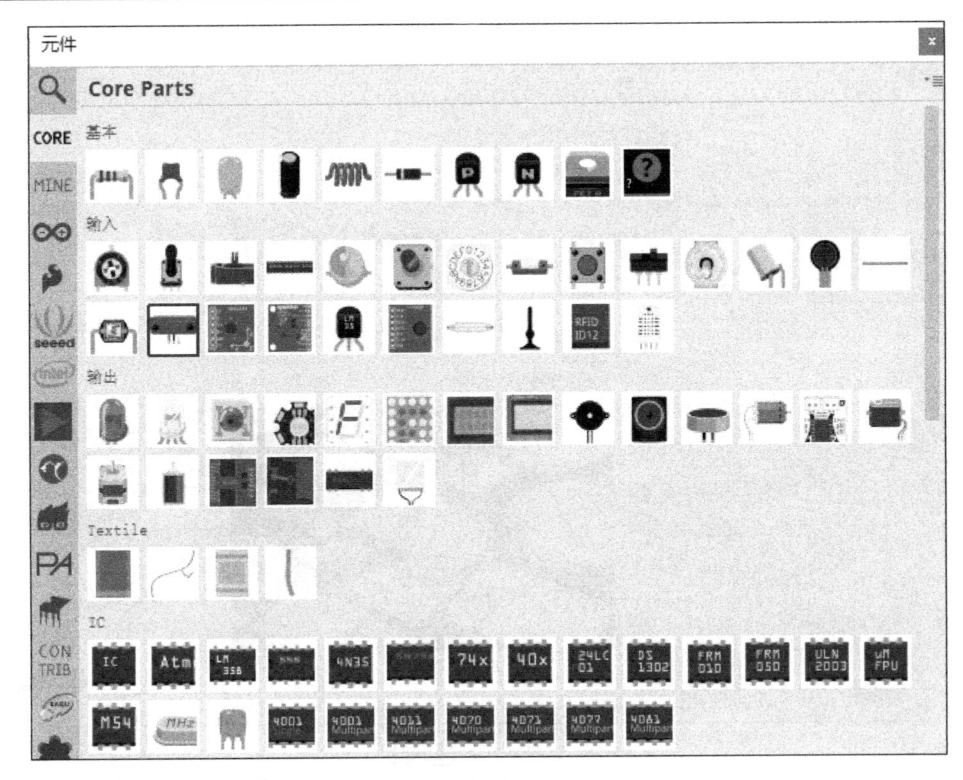


图 5-17　CORE 库中的元件示例

构在不同的视图中会显示出不同的层，利于设计者更好地理解面包板视图、原理图视图和 PCB 视图。

2. 基于 Fritzing 的 Arduino 仿真设计

了解 Fritzing 主界面和基本功能之后，以 Arduino IDE 自带示例 Basics 中的 Fade 为例，介绍 Fritzing 进行电路仿真设计的一般方法。

首先，打开 Fritzing 软件，单击菜单栏中的“文件”→“新建”选项，如图 5-18 所示。新建项目后，项目视图显示为面包板视图，并默认出现一个面包板，接下来保存项目，单击菜单栏中的“文件”→“另存为”选项，如图 5-19 所示，在指定“文件名”对话框中输入保存的文件名和路径，然后单击“保存”按钮，即完成对新建项目的保存。

Fade 示例演示了使用模拟信号让 LED 亮度减弱，用到的硬件包括 Arduino UNO 开发板、LED、220Ω 电阻、连接线和面包板。新建项目时，

图 5-18　新建项目

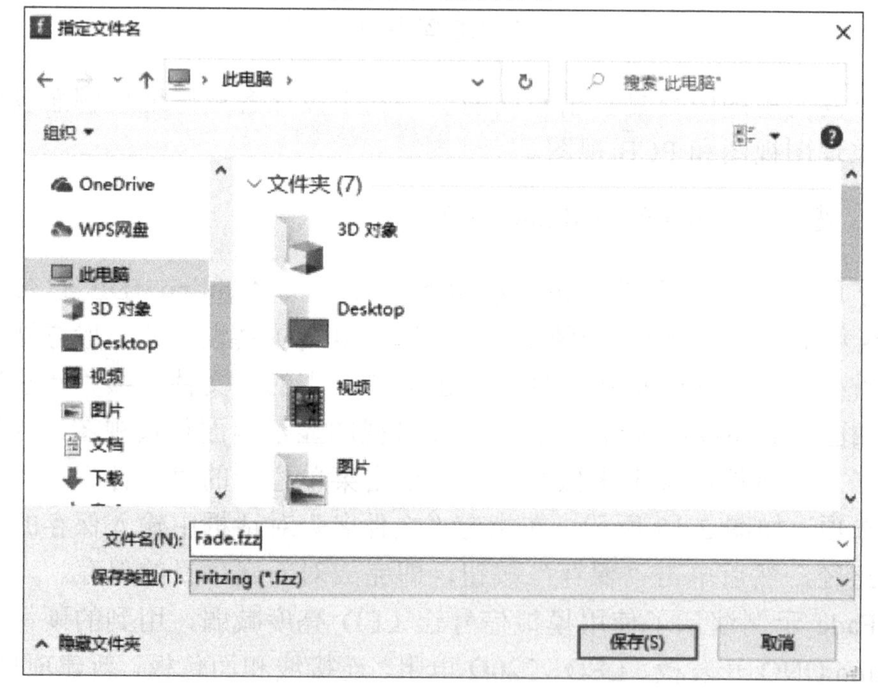


图 5-19　保存项目

面包板窗口已经生成了一个默认的面包板，只需在 CORE 库中直接选取一个 Arduino UNO 开发板、一个 LED 和一个 220Ω 电阻放置在面包板视图即可，如图 5-20 所示，开发者可在指示栏中随时修改新创建元件的类型、属性等。

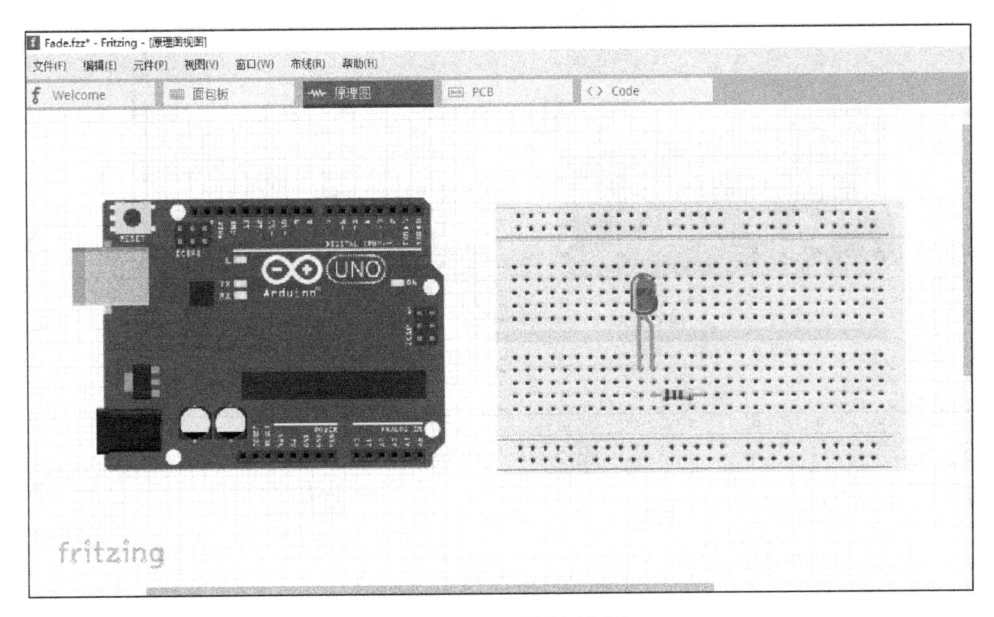


图 5-20　元件的放置

接下来进行连线，LED 正极引脚(较长)与 220Ω 电阻连接，然后再与 Arduino UNO 电路板数字输出引脚 9 连接。LED 负极引脚(较短)直接接地，如图 5-21 所示。

然后从面包板视图切换至原理图视图，此时会发现原理图的布线很乱，如图 5-22 所示，开发者可以通过自动布线和手动布线的方法重新布线，如图 5-23 所示。

完成所有操作后，开发者可以根据需求导出所需要的文档，本示例中以导出一个 PDF 格式的面包板视图的文件为例进行说明。首先确定视图为面包板视图，然后选择“文件”→“导出”→“作为图像”→“PDF”选项，如图 5-24 所示。最终输出的 PDF 格式的文档如图 5-25 所示。

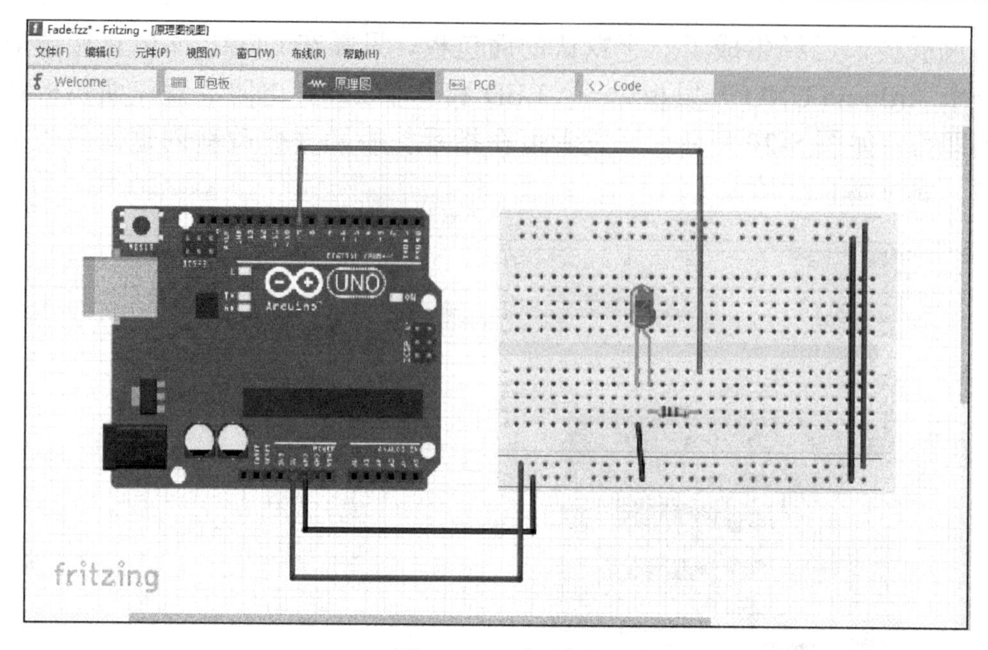


图 5-21　连线图

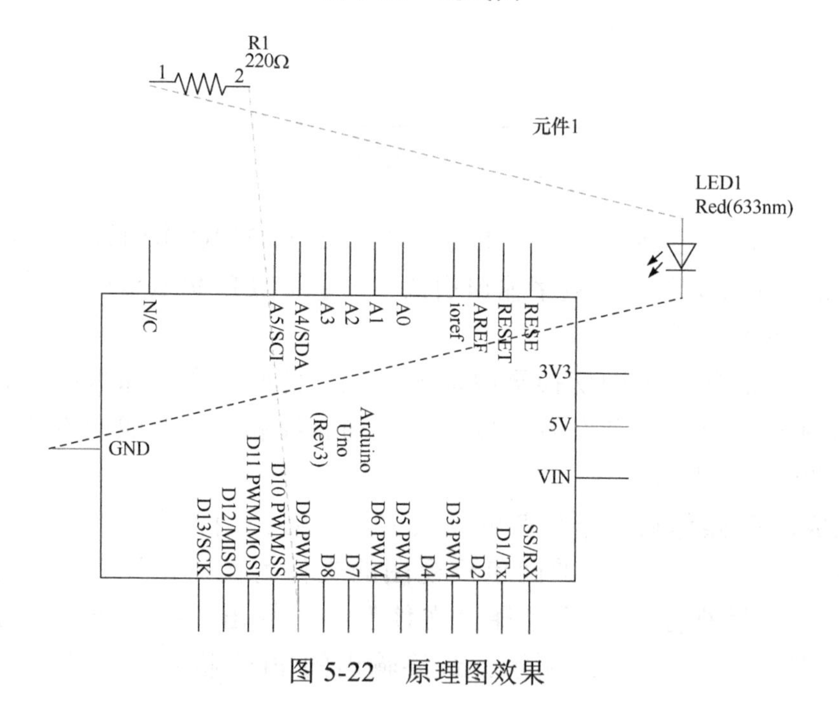


图 5-22　原理图效果

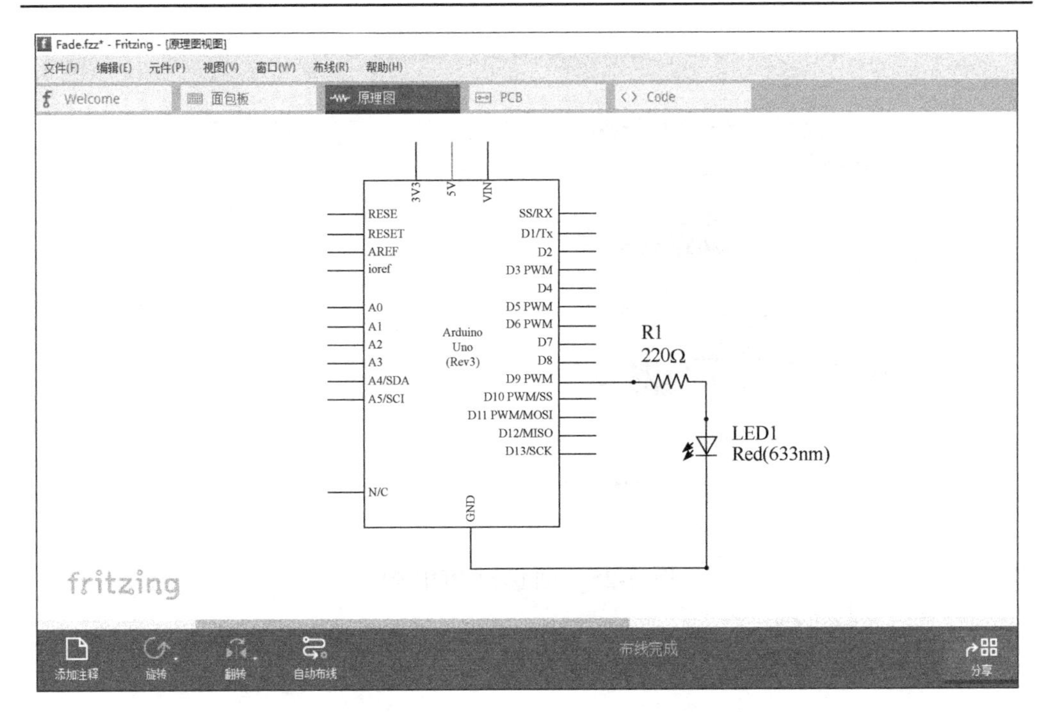


图 5-23　原理图重新布线图

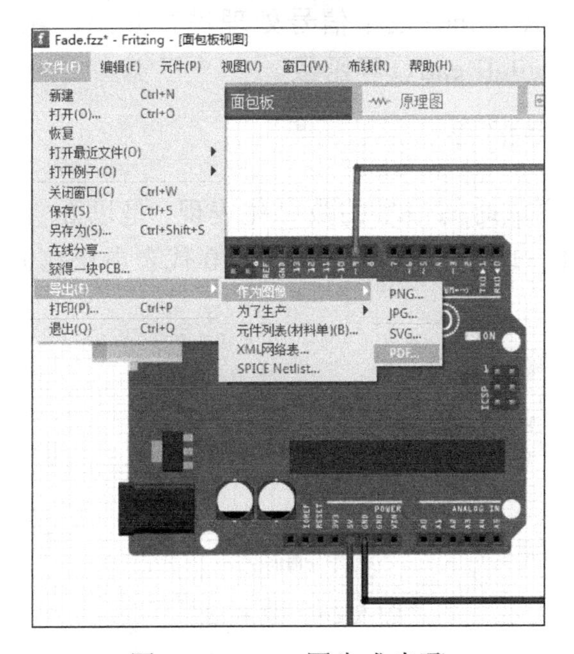


图 5-24　PDF 图生成步骤

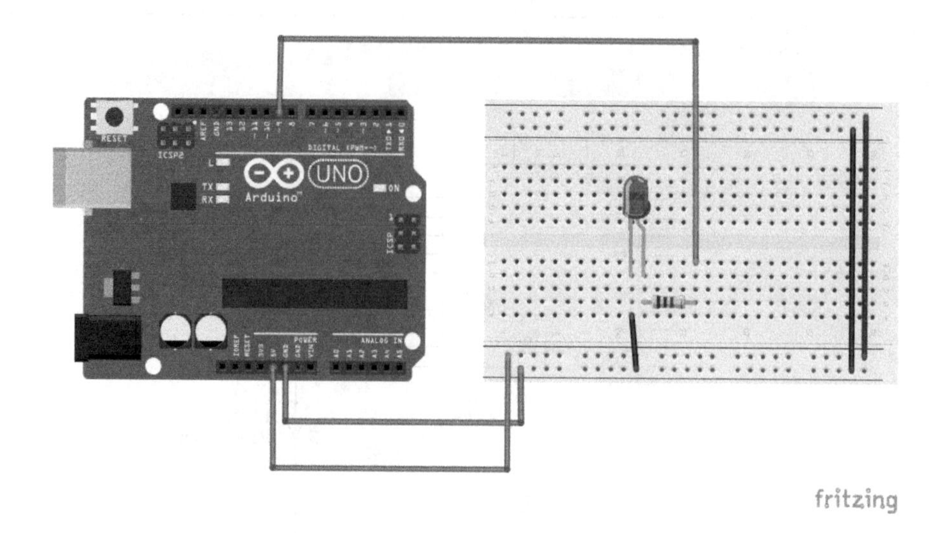


图 5-25　面包板 PDF 图

# 5.3　Arduino 数字信号处理

本节主要对 Arduino 数字信号处理进行介绍，包括 pinMode()、digitalWrite()、digitalRead()等函数。

## 5.3.1　数字信号简介

数字信号是离散时间信号的数字化表现，是以 0、1 表示的不连续信号。在 Arduino 中，1 代表电压在高电平，0 代表电压在低电平，如图 5-26 所示。

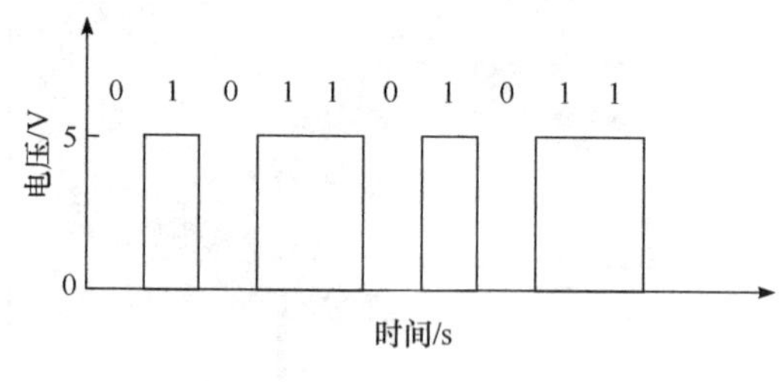


图 5-26　数字信号

Arduino UNO 上的数字引脚编号是从 0～13，A0～A5 这 6 个模拟引脚也可以作为数字引脚使用。

Arduino UNO 上的数字引脚既可以作为输入，也可以作为输出，在使用数字引脚的输出或输入功能时，需要先通过 pinMode() 函数来指定其输入/输出方式：

```
pinMode(pin,mode);
```

pinMode() 函数有两个参数，参数 pin 指定数字引脚的编号，pin 的范围是数字引脚 0～13，如果模拟引脚(A0～A5)作为数字引脚使用，需在 setup() 函数中设置，此时模拟引脚 A0 对应的编号是 14，模拟引脚 A5 对应的编号是 19。

参数 mode 指定输入或输出模式，该参数有如下三种取值。

INPUT：输入模式，此种模式下 Arduino UNO 从外部读取信号。

INPUT-PULLUP：带内部上拉电阻的输入模式，此种模式下启用数字引脚的内部上拉电阻。

OUTPUT：输出模式，此种模式下 Arduino UNO 向外部发送控制信号。

在 Blink 示例程序中，使用的 pinMode(13,OUTPUT) 语句，就是把数字引脚 13 指定为输出模式，当特定数字引脚被设置模式后，就可以开始使用该数字引脚。

### 5.3.2　数字输入/输出接口的函数

对于数字输出模式，digitalWrite() 函数设置引脚的输出电平为高电平或低电平。

```
digitalWrite(pin,value);
```

参数 pin 表示所要设置的数字引脚，参数 value 表示输出电压为高电平(HIGH)或低电平(LOW)，该函数是一个没有返回值的函数。例如：

```
digitalWrite(8,HIGH);
```

设置数字引脚 8 输出 5V 电压。Arduino 输出电流为 40mA，如果驱动小电流设备，如 LED，需串联 1kΩ 电阻进行限流，如图 5-27 所示。

如果控制大电流设备，如电机，需要扩流电路，扩流的方法是数字引脚外接 NPN 三极管基极，如图 5-28 所示，或者数字引脚外接一个固态继电器，来控制大电流设备的开关。

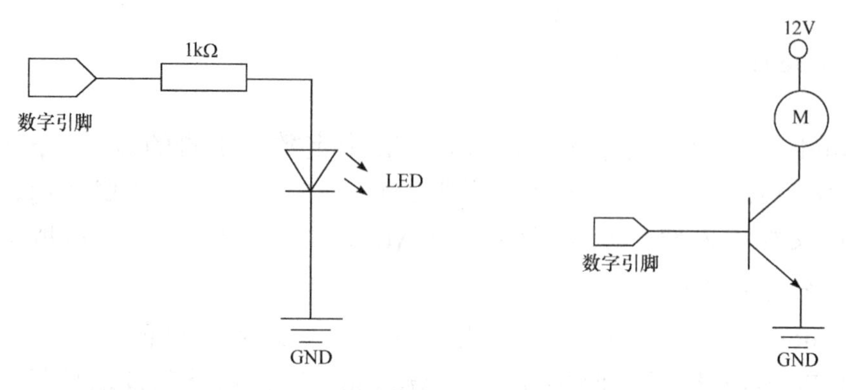


图 5-27　数字引脚控制 LED　　　　图 5-28　数字引脚外接 NPN 三极管基极扩流

对于数字输入模式，digitalRead() 函数在引脚设置为输入时，可以读取连接在引脚上的外部设备输入的数字信号。

```
result=digitalRead(pin);
```

参数 pin 指数字引脚的编号，digitalRead() 函数返回一个布尔值，HIGH 或 LOW，在 Arduino 核心库中，HIGH 被定义为 1，LOW 被定义为 0。

**【综合练习 5-2】**　设计一个自助请求式红绿灯。

设计要求：利用 2 个红色 LED、2 个绿色 LED、1 个黄色 LED、5 个 1kΩ 电阻、1 个 10kΩ 电阻、一个轻触开关、一块 Arduino UNO 开发板、一块面包板、若干个跳线设计一个自助请求式红绿灯原型。

项目说明：自助请求式红绿灯使得行人能通过手动方式控制红绿灯变化。当行人过马路时，只要按下按钮，人行过街信号灯接到“请求后”，红灯灭转为绿灯亮，此时机动车信号灯的绿灯灭转为黄灯亮，提醒汽车驾驶员注意，经过大约 5s，机动车信号灯的黄灯灭转为红灯亮。当没人过马路时，机动车信号灯一直维持机动车通行的状态，即机动车信号灯的绿灯亮，红灯和黄灯灭，此时的人行过街信号灯转为红灯亮，绿灯灭。

自助请求式红绿灯的工作流程图如图 5-29 所示，当轻触开关闭合时，人行过街信号灯的红灯灭，绿灯亮；机动车信号灯的绿灯灭，黄灯亮 5s 后灭，红灯亮。当轻触开关断开时，人行过街信号灯的红灯亮，绿灯灭；机动车信号灯的绿灯亮，红灯和黄灯灭。

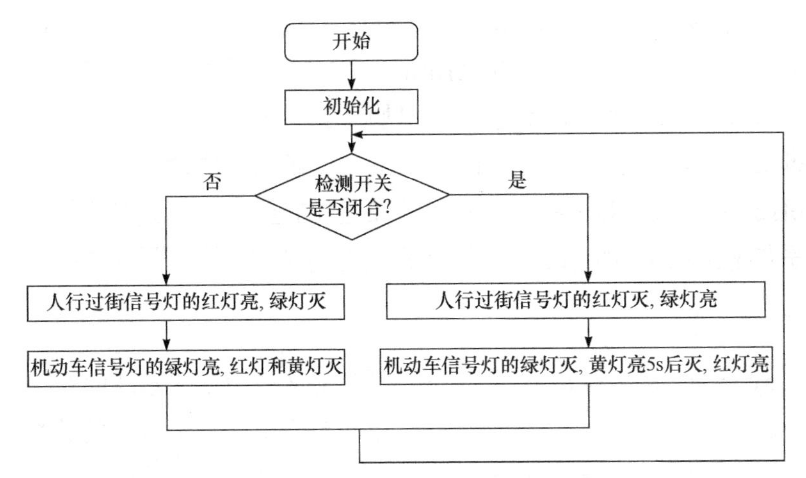


图 5-29　自助请求式红绿灯的工作流程图

利用 Fritzing 设计电路，并搭建电路连线图，如图 5-30 所示。机动

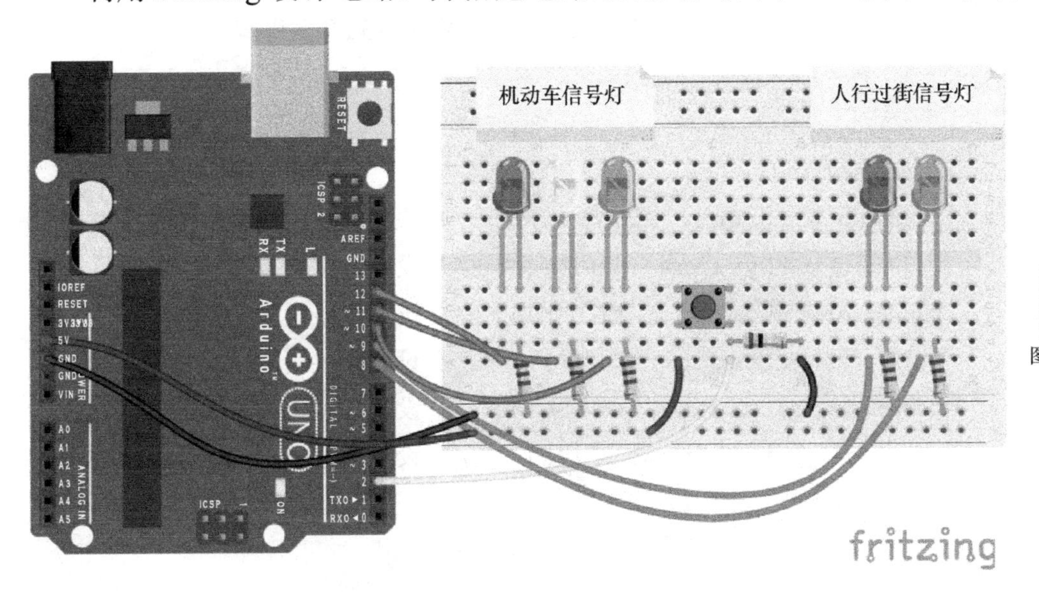


图5-30 彩图

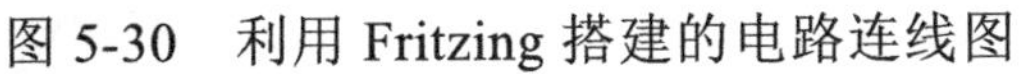

图 5-30　利用 Fritzing 搭建的电路连线图

车信号灯的红、黄、绿 LED 以及人行过街信号灯的红、绿 LED 的正极分别连接 Arduino UNO 开发板的数字引脚 12、11、10、9、8，它们的负极分别串联一个 1kΩ 电阻后接面包板地线插槽。轻触开关的一端接面包板电源插槽，另一端接 Arduino UNO 开发板的数字引脚 2，并串联 1 个 10kΩ 电阻后接面包板地线插槽。使用一个跳线一端连接面包板地线插槽，另一端连接 Arduino UNO 开发板的 GND。使用一个跳线一端连接面包板电源插槽，另一端连接 Arduino UNO 开发板的 5V 接口。

使用 pinMode() 函数指定数字引脚 12、11、10、9、8 为输出模式，数字引脚 2 为输入模式，使用 digitalRead() 函数读取数字引脚 2 的信号，利用 if else 语句来判断接在数字引脚 2 上的轻触开关是断开还是闭合，具体程序如程序 5-1 所示。自助请求式红绿灯原型如图 5-31 所示。

**【程序 5-1】**

```
const int CTLred = 12;       // 定义机动车信号灯的红灯引脚
const int CTLyellow = 11;  // 定义机动车信号灯的黄灯引脚
const int CTLgreen = 10;   // 定义机动车信号灯的绿灯引脚
const int PTLred = 9;        // 定义人行过街信号灯的红灯引脚
const int PTLgreen = 8;    // 定义人行过街信号灯的绿灯引脚
const int switchPin = 2;    // 定义轻触开关引脚


void setup() {
pinMode(CTLred , OUTPUT);      // 设置数字引脚 12 为输出模式
pinMode(CTLyellow , OUTPUT);// 设置数字引脚 11 为输出模式
pinMode(CTLgreen , OUTPUT); // 设置数字引脚 10 为输出模式
pinMode(PTLred , OUTPUT);     // 设置数字引脚 9 为输出模式
pinMode(PTLgreen , OUTPUT); // 设置数字引脚 8 为输出模式
pinMode(switchPin , INPUT); // 设置数字引脚 2 为输入模式
}

void loop() {
```

```
if( digitalRead(switchPin) == HIGH){
// 检验开关是否闭合，如果开关没有闭合
  digitalWrite(CTLgreen , HIGH);
// 机动车信号灯的绿灯亮
  digitalWrite(CTLyellow , LOW);
// 机动车信号灯的黄灯灭
  digitalWrite(CTLred , LOW);
// 机动车信号灯的红灯灭
  digitalWrite(PTLred , HIGH);
// 人行过街信号灯的红灯亮
  digitalWrite(PTLgreen , LOW);
// 人行过街信号灯的绿灯灭
}
else{
// 检验开关是否闭合，如果开关闭合
  digitalWrite(CTLgreen , LOW);
// 机动车信号灯的绿灯灭
  digitalWrite(CTLyellow , HIGH);
// 机动车信号灯的黄灯亮
  delay(5000);
// 机动车信号灯的黄灯等候 5s
  digitalWrite(CTLyellow , LOW);
// 机动车信号灯的黄灯灭
  digitalWrite(CTLred , HIGH);
// 机动车信号灯的红灯亮
  digitalWrite(PTLred , LOW);
// 人行过街信号灯的红灯灭
  digitalWrite(PTLgreen , HIGH);
// 人行过街信号灯的绿灯亮
}
}
```

图5-31 彩图

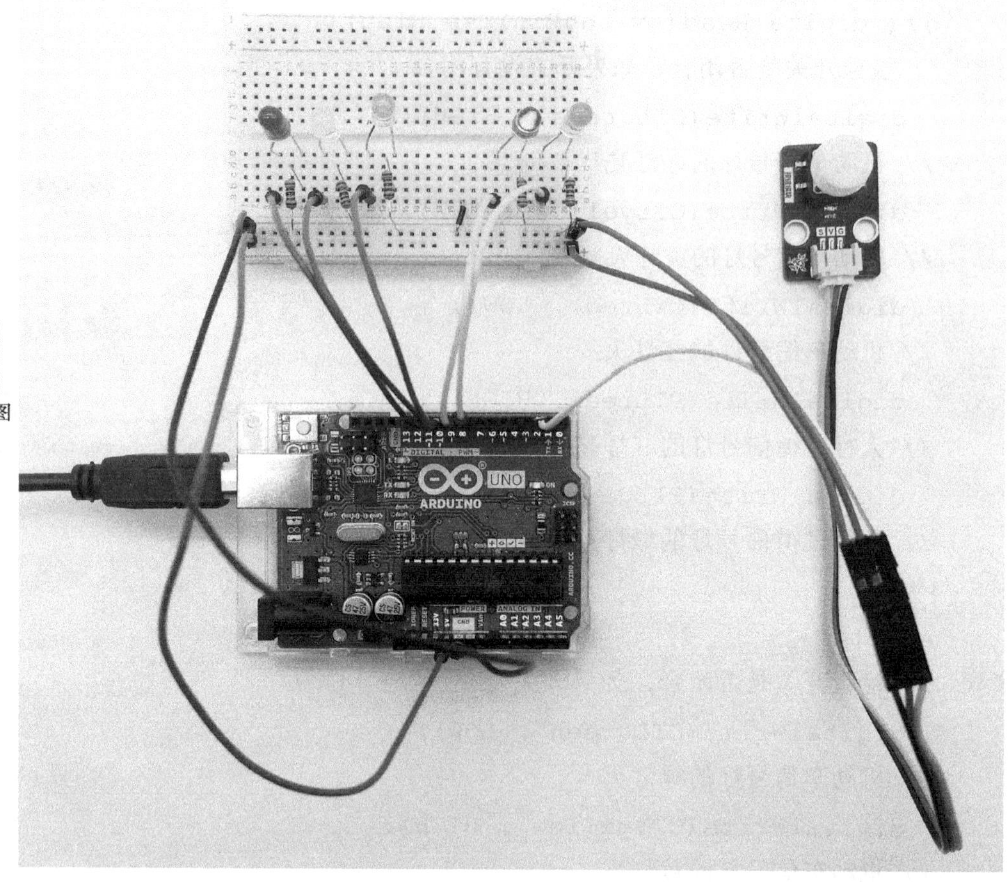


图 5-31　自助请求式红绿灯原型

**【综合练习 5-3】**　设计一个电子音乐播放器。

设计要求：利用 1 个红色 LED、1 个 1kΩ 电阻、1 个轻触开关、1 个无源蜂鸣器、一块 Arduino UNO 开发板、一块面包板、若干个跳线设计一个电子音乐播放器。

项目说明：音乐旋律由音调和节拍两个基本要素构成。音调是指声音频率的高低，每个音调都有其对应的频率。节拍是指在乐谱中每一小节的音符总长度。

如果 Arduino 能输出某个音符的频率和该音符的持续时间，就可以通过驱动无源蜂鸣器演奏音乐了。tone()函数可以实现演奏乐曲的功能。

```
tone(pin,frequence,duration);
```

参数 pin 指定输出频率数据的数字引脚的编号，参数 frequence 为音符的频率，参数 duration 为节拍数据，即音符的持续时间。

电子音乐播放器的工作流程图如图 5-32 所示，当轻触开关闭合时，声音播放指示灯(红灯)亮，无源蜂鸣器开始播放电子音乐。否则播放指示灯灭，无源蜂鸣器不播放电子音乐。

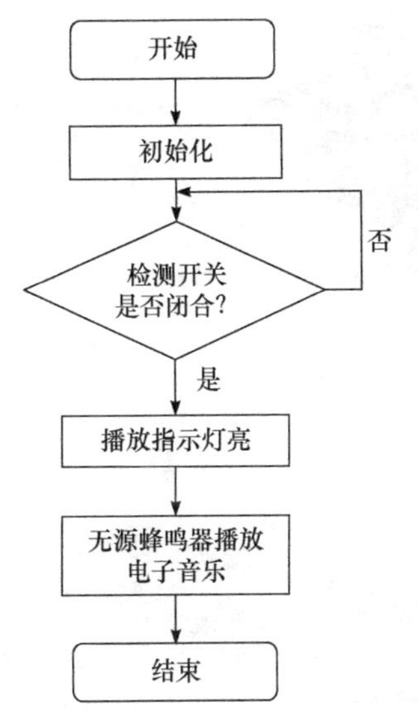


图 5-32　电子音乐播放器的工作流程图

利用 Fritzing 设计电路，并搭建电路连线图，如图 5-33 所示。无源蜂鸣器的一端接面包板地线插槽，另一端接 Arduino UNO 开发板的数字引脚 12。红色 LED 的正极串联 1 个 1kΩ 电阻后连接数字引脚 8，负极连接面包板地线插槽。轻触开关的一端接面包板地线插槽，另一端接 Arduino UNO 开发板的数字引脚 2。使用一个跳线一端连接面包板地线插槽，另一端连接 Arduino UNO 开发板的 GND。在实际连接中，使用了按键模块替代轻触开关，按键模块共有三个引脚：GND、VCC、DO(数字输出(digital output)的简称)，GND 引脚连接面包板地线插槽，VCC 引脚连接面包板电源插槽，DO 引脚连接 Arduino UNO 开发板的数字引脚 2，使用一个跳线一端连接面包板电源插槽，另一端连接 Arduino UNO 开发板的 5V 接口，如图 5-34 所示。

图5-33 彩图

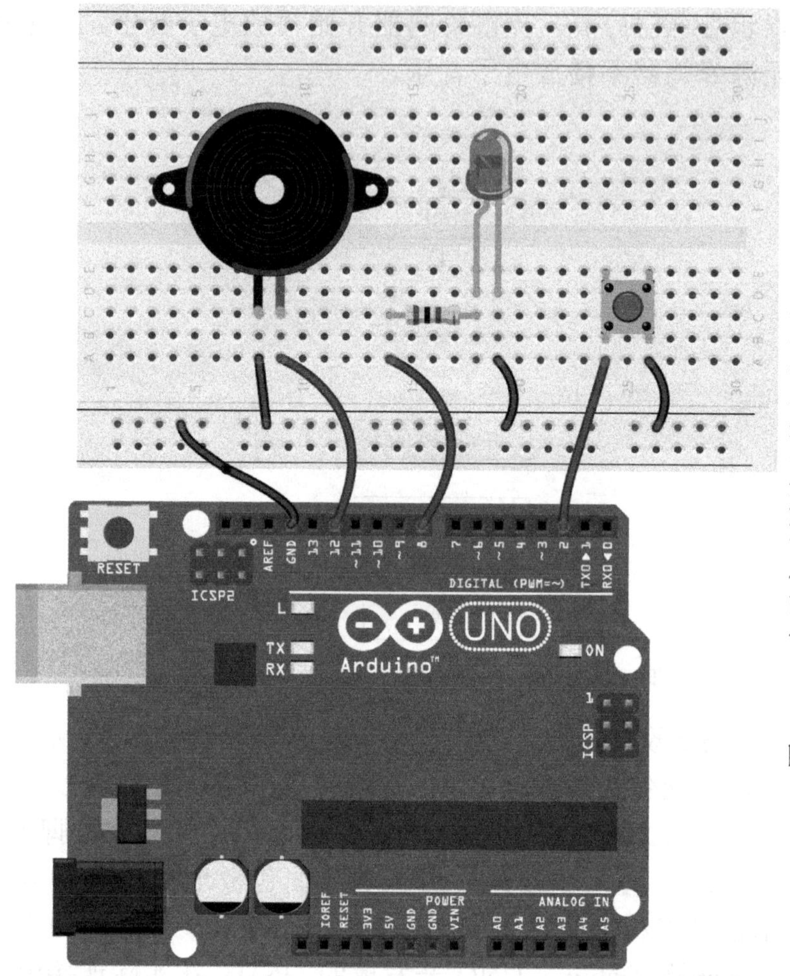


图 5-33　电子音乐播放器的电路连线图

图5-34 彩图

图 5-34　电子音乐播放器原型

编写程序时，需先单击“项目”选项卡右侧的倒三角形按钮(▼)，单击“新建”标签，创建头文件“pitches.h”，在头文件“pitches.h”中定义 88 个钢琴琴键的频率，如#define NOTE_B0 31，然后在主程序中调用头文件(#include "pitches.h")，具体程序如程序 5-2 所示。

**【程序 5-2】**

```
#include "pitches.h"
int melody[] = {                  // 祝你生日快乐歌中的音符
 NOTE_G4,   NOTE_G4,   NOTE_A4,   NOTE_G4,   NOTE_C5,
                                      NOTE_B4,0,
 NOTE_G4,   NOTE_G4,   NOTE_A4,   NOTE_G4,   NOTE_D5,
                                      NOTE_C5,0,
 NOTE_G4,   NOTE_G4,   NOTE_G5,   NOTE_E5,   NOTE_C5,
                              NOTE_B4,NOTE_A4,0,
 NOTE_F5,   NOTE_F5,   NOTE_E5,   NOTE_C5,   NOTE_D5,
```

```
                                NOTE_C5,0,
};
 int noteDurations[] = {        // 音乐节拍：4=1/4 拍等
  8, 8, 4, 4, 4, 4, 4,
  8, 8, 4, 4, 4, 4, 4,
  8, 8, 4, 4, 4, 4, 2,8,
  8, 8, 4, 4, 4, 2, 4,
};
 const int Playindicator = 8;// 定义播放指示灯引脚
 const int switchPin = 2;     // 定义轻触开关引脚

void setup() {
  pinMode(Playindicator , OUTPUT);
 // 设置数字引脚 8 为输出模式
  pinMode(switchPin , INPUT);
 // 设置数字引脚 2 为输入模式
}

void loop() {
  if(digitalRead(switchPin) == LOW){
 // 检验开关是否闭合，如果开关闭合
     digitalWrite(Playindicator , HIGH);
// 播放指示灯亮
     for (int thisNote = 0; thisNote < 29; thisNote++){
 // 重复旋律的音符
    int noteDuration =1000 / noteDurations [thisNote];
// 计算音符的持续时间，需用 1s 除以音符类型
    tone(12, melody[thisNote], noteDuration);
    int pauseBetweenNotes = noteDuration * 1.30;
// 持续时间增加 30%能得到好效果
    delay(pauseBetweenNotes);
```

```
      noTone(12);                           // 停止播放音乐
    }
    }
   else{
  // 检验开关是否闭合，如果开关没有闭合
     digitalWrite(Playindicator , LOW); // 播放指示灯灭
    noTone(12);                          // 停止播放音乐
   }
  }
```

# 5.4　Arduino 模拟信号处理

本节主要对 Arduino 模拟信号处理进行介绍，包括 analogRead()、analogReference()、constrain()、map()等函数。

## 5.4.1　模拟信号简介

模拟信号是用连续变化的物理量来表示信息的，信号随时间做连续变化，模拟信号通常也称为连续信号，如图 5-35 所示。例如，温度、湿度、压力等均是连续变化的物理量，因此需要用模拟信号来表达。

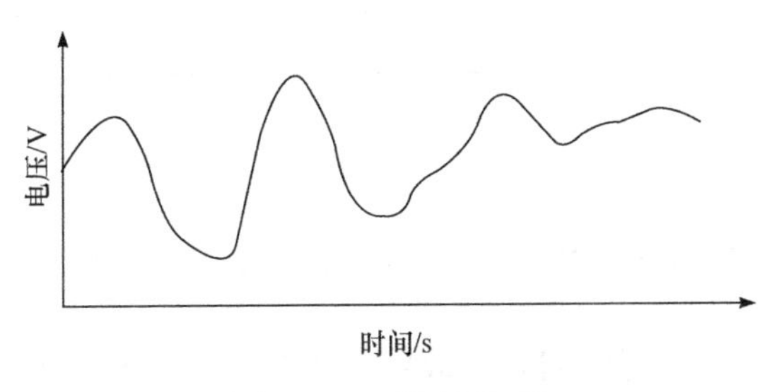


图 5-35　模拟信号

Arduino 的模数转换(ADC)功能将输入的模拟信号转换为数字信号[13]。大多数型号 Arduino 的 ADC 使用 10bit 分辨率，其数字信号的取值范围为 0(对应 0V)～1023(对应 5V)，因此，Arduino 能感知到的最小

电压变化是 $\frac{5\text{V}}{1024} \approx 4.88\text{mV}$。

但 Arduino 开发板不能直接读取除电压以外的其他连续信号，需要借助相应的传感器将模拟信号转换为电压信号，从 Arduino 可以感知到的最小电压变化可知，它能充分读取传感器的模拟信号。Arduino UNO 开发板的引脚中，编号前带有“A”的引脚是模拟引脚，共有 A0、A1、A2、A3、A4、A5 六个模拟输入引脚。

Arduino UNO 采用脉宽调制(PWM)，使用数字信号模拟出模拟信号，提供给模拟设备使用。PWM 是一种对模拟信号电平进行数字编码的方法，通过控制数字信号高电平(On)和低电平(Off)的时间比例，即信号占空比来实现。Arduino UNO 可以通过控制占空比实现 0～5V 任意模拟电压的输出。信号占空比决定了产生模拟信号电压的大小，占空比越大，产生的模拟电压越高。如对 LED 亮度的控制，0%的占空比产生 0V 输出电压，LED 没有亮；50%的占空比产生 2.5V 输出电压，LED 开始变亮；90%的占空比产生 4.5V 输出电压，LED 变得很亮，如图 5-36 所示。

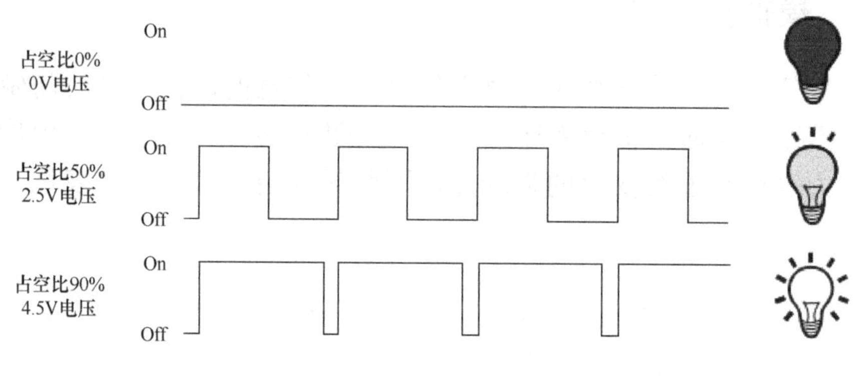


图 5-36　PWM 控制 LED 亮度变化示意图

Arduino UNO 开发板的部分数字引脚提供 PWM 输出，能提供 PWM 输出的数字引脚编号前面有一个波浪号(～)，它们是数字引脚 3、5、6、9、10、11。

## 5.4.2　模拟输入/输出接口的函数

对于模拟输入模式，相关的函数有 analogRead()、analogReference()、constrain()和 map()。

analogRead()函数用于读取引脚的模拟电压值。

```
int pin;
value=analogRead(pin);
```

参数 pin 的范围是 0～5，对应模拟引脚的 A0～A5。返回值 value 的数值范围是 0～1023。

analogReference()函数用作改变参考电压。默认情况下，Arduino 模拟输入的 5V 电压对应的数值是 1023，如果要改变 1023 对应的电压，就需使用 analogReference()函数。

```
analogReference(source);
```

参数 source 设定了 ADC 的参考电压，可以使用的选项如下。

DEFAULT：默认模拟参考电压 5V 或 3.3V。

INTERNAL：内部参考电压，ATmega328 微控制器为 1.1V。

EXTERNAL：外部参考电压，是加到 AREF 引脚的电压。

需要注意的是，Arduino 只接受不大于 5V 的参考电压，所以参考电压要在 0～5V。

constrain()函数用于限定输入数据的范围。

```
constrain(value,min,max);
```

参数 min 和 max 定义了该函数返回的最小数值和最大数值，参数 value 是被函数检查的数据。如果被检查的数据低于 min 或高于 max，均被返回到 min 和 max，对于在 min 和 max 之间的数值将返回其实际值。

map()函数用于输入映射。

```
map(value,fromMin,fromMax,toMin,toMax);
```

参数 value 是指映射前的原始数值，参数 fromMin 是指映射前数字范围的下界，参数 fromMax 是指映射前数字范围的上界，参数 toMin 是指映射后数字范围的下界，参数 toMax 是指映射后数字范围的上界。

对于模拟输出模式，使用 PWM 功能的函数为 analogWrite()。

```
analogWrite(pin,dutycycle);
```

参数 pin 指定使用的数字引脚编号，设置模拟输出引脚时，无须使用 pinMode()函数来设置引脚模式，analogWrite()会自动完成该设置。参数 dutycycle 为占空比，即数字脉冲信号输出为高电平的时间，需要注意的是，这里的占空比参数不是百分数，而是 0～255 的数值，0 对应 0%的占空比，255 对应 100%的占空比。

**【综合练习 5-4】** 设计一个呼吸灯。

设计要求：使用 1 个红色 LED、1 个 1kΩ 电阻、一块 Arduino UNO 开发板、一块面包板、若干个跳线设计一个呼吸灯原型。

项目说明：呼吸灯的灯光能够实现亮暗间逐渐变化的效果，感觉好像是人在呼吸。利用 PWM 功能，通过控制占空比实现灯光亮度的逐渐变化。

利用 Fritzing 设计电路，并搭建电路连线图，如图 5-37 所示。红色 LED 的正极连接面包板电源插槽，其负极串联 1 个 1kΩ 电阻后连接面包板地线插槽。使用一个跳线一端连接面包板地线插槽，另一端连接 Arduino UNO 开发板的 GND。使用一个跳线一端连接面包板电源插槽，另一端连接数字引脚 3，具体程序如程序 5-3 所示。呼吸灯的最终效果如图 5-38 所示。

图 5-37　呼吸灯的电路连线图

图5-37 彩图

**【程序 5-3】**

```
void setup() {
pinMode(3,OUTPUT);          // 设置数字引脚 3 为输出模式
}

void loop() {
for(int a=0;a<=255;a++){// 循环语句，控制红色 LED 逐渐变亮
  analogWrite(3,a);         // 读取占空比
  delay(10);                // 当前亮度持续 10ms
}
for(int a=255;a>=0;a--){// 循环语句，控制红色 LED 逐渐变暗
  analogWrite(3,a);         // 读取占空比
  delay(10);                // 当前亮度持续 10ms
}
delay(30);                  // 延时 30ms
}
```

图 5-38　呼吸灯的最终效果

**【综合练习 5-5】**　设计一个小夜灯。

设计要求：使用 1 个光敏电阻、1 个红色 LED、1 个 20kΩ 电阻、1 个 1kΩ 电阻、一块 Arduino UNO 开发板、一块面包板、若干个跳线设计一个小夜灯原型。

项目说明：小夜灯具有特殊的照明功能，当室内光线昏暗时，小夜灯便自动开启。设计要求中提到的光敏电阻对光线十分敏感，如图 5-39 所示，在光敏电阻的受光面有锯齿状的感光材料，光敏电阻的阻值会随着光线的亮度而变化，光线越强，阻值越低。Arduino UNO 开发板读取光敏电阻的模拟信号，然后控制红色 LED 的亮度。

图 5-39　光敏电阻

利用 Fritzing 设计电路，并搭建电路连线图，如图 5-40 所示。光敏电阻的一端与 20kΩ 电阻串联，另一端接面包板地线插槽，20kΩ 电阻另一端接面包板电源插槽，在光敏电阻与普通电阻连接处，引出跳线接 A0 端口，用于读取光敏电阻变化的模拟值。红色 LED 的正极串联 1 个 1kΩ 电阻后连接数字引脚 2，负极连接面包板地线插槽。使用一个跳线一端连接面包板地线插槽，另一端连接 Arduino UNO 开发板的 GND。使用一个跳线一端连接面包板电源插槽，另一端连接 Arduino UNO 开发板的 5V 接口。小夜灯的电路原理图如图 5-41 所示。

编写程序时，设置变量 val 读取模拟引脚 A0 的模拟数值，使用 if else 语句对获得的模拟值进行判断，当获得的模拟值大于等于 600 时，红色 LED 亮，为了避免光敏电阻检测值出现在判断模拟值之间漂移，再增加一个条件判断，即当获得的模拟值小于 500 时，红色 LED 灭，具体程序如程序 5-4 所示。小夜灯的最终效果如图 5-42 所示。

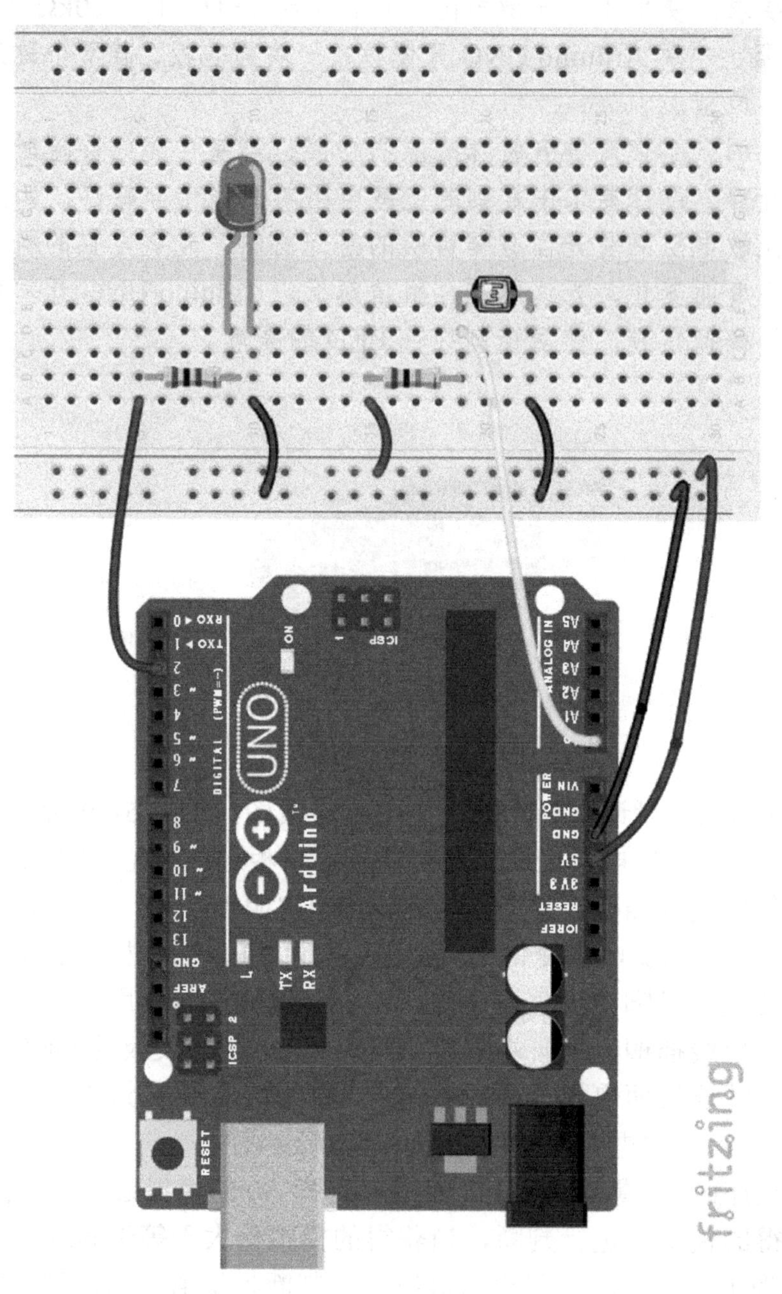


图 5-40　小夜灯的电路连线图

图5-40 彩图

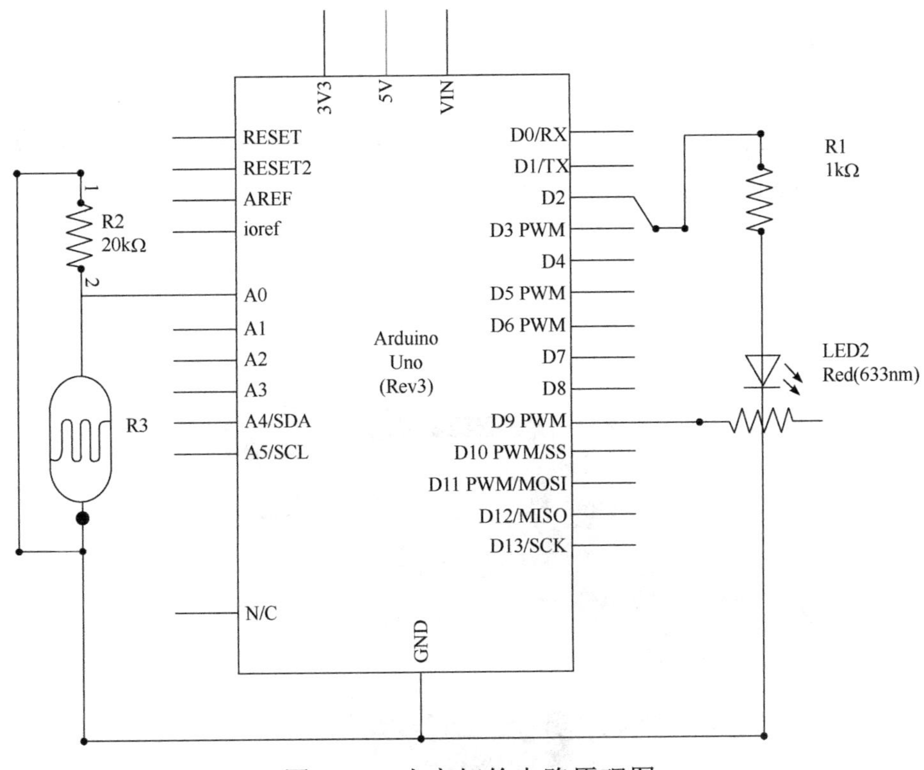


图 5-41　小夜灯的电路原理图

**【程序 5-4】**

```
const byte LED=2;                    // 定义红色 LED 引脚

void setup() {
  pinMode(LED ,OUTPUT);              // 设置数字引脚 2 为输出模式
}

void loop() {
 int val;
 val=analogRead(A0);
// 设置变量 val 读取模拟引脚 A0 的模拟数值
 if(val>=600){
// 对模拟值进行判断，如果模拟值大于等于 600，红色 LED 亮
```

```
    digitalWrite(LED,HIGH);
   }
   else if(val<500){        // 如果模拟值小于 500，红色 LED 灭
    digitalWrite(LED,LOW);
   }
}
```

(a) 当获得的模拟值小于500时，红色LED灭

(b) 当获得的模拟值大于等于600时，红色LED亮

图 5-42　小夜灯的最终效果

## 5.5　Arduino 串口通信

本节主要对 Arduino 串口通信进行介绍，包括 Serial.begin()、Serial.read()、Serial.write()、Serial.print()和 Serial.printIn()等函数。

### 5.5.1　串口通信简介

Arduino 集成了串口、IIC、SPI 三种常见的串行通信方式，串口通信与其他通信方式相比，具有简单、所需连接线少，能实现远距离通信的特点。本节主要介绍串口通信。

串口是串行接口的简称，也称为串行通信接口或 COM 接口，可用于不同设备间互相传输数据。串口采用串行比特流方式发送数据，每次只能发送 1bit 数据。此外，串口通信只需要两根连接线，一根用于发送数据，一根用于接收数据。

Arduino UNO 可以使用串口引脚连接其他外围的串口设备进行通信，每一个串口只能连接一个串口设备进行通信。Arduino UNO 通过引脚 0 接收(RX)，通过引脚 1 发送(TX)，当使用引脚 0 和引脚 1 连接外部串口设备时，这组串口将被所连接的设备占用，有时会造成无法下载程序和通信异常的情况。此时，可通过引脚 10 接收(RX)，通过引脚 11 发送(TX)。

当计算机与 Arduino UNO 通信时，可直接通过 USB 连接传递数据。Arduino UNO 通过串口接收计算机发出的指令，并完成相应的功能。首先正确连接 Arduino UNO，然后启动 Arduino IDE 后，通过菜单栏命令“工具”→“端口”，就能看到 USB 的串口号(COM 号)，作者计算机内显示的是 COM3。如果计算机中有多个串口通信，可通过计算机的设备管理器查找所连接的串口。串口通信中最重要的一点就是通信协议，一般串口通信协议都会有波特率、数据位、停止位、校验位等参数，Arduino 提供的 Serial 库能简化这些参数的设置。需要的注意的是，Arduino IDE 自带的串口监视器虽然简单易用，但只提供了基本的串口通信功能，只能对波特率和结束符这两个设置进行修改，如要实现一些高级的串口功能，则需借助其他串口助手软件。

如果两个 Arduino UNO 开发板 A 和 B 进行连接，则开发板 A 的接收引脚必须连接到开发板 B 的发送引脚，开发板 A 的发送引脚必须连接到开发板 B 的接收引脚，如图 5-45 所示。

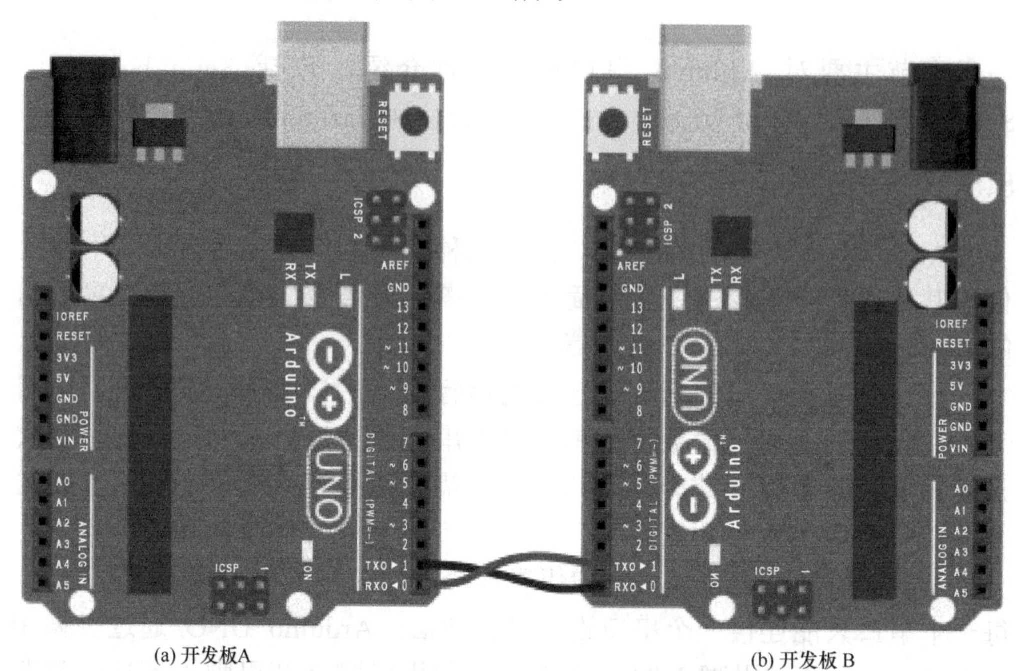


(a) 开发板A　　　　(b) 开发板 B

图 5-43　使用串口连接两个 Arduino UNO 开发板

## 5.5.2　串口通信函数

Arduino 提供的 Serial 库函数见表 5-4。Serial 库函数不仅提供向串口发送数据的函数，也提供从串口读取数据的函数。

表 5-4　Serial 库函数

| 函数 | 功能 |
|---|---|
| available() | 获取串口接收到的数据个数 |
| begin() | 初始化串口 |
| end() | 结束串口通信 |
| find() | 从串口中读取数据，直到读到指定的字符 |
| findUntil() | 从串口中读取数据，直到读到指定的字符或指定的停止符 |
| flush() | 等待所有数据从串口发出 |
| parseFloat() | 从串口中返回第一个有效浮点型数据 |
| parseInt() | 从串口中返回第一个有效整型数据 |

续表

| 函数 | 功能 |
| --- | --- |
| peek() | 返回 1 字节数据，但不从接收缓冲区中移出 |
| print() | 数据以 ASCII 码格式输出到串口 |
| printlIn() | 数据以 ASCII 码格式输出到串口，并跟上回车与换行 |
| read() | 从串口中读取数据 |
| readBytes() | 返回 length 字节的输入数据，并将其存入 buffer 数组，如果没有数据返回 0 |
| readBytesUntil() | 从串口读取 length 字节数据，并将其存入 buffer 数组，如果检测到 char 字符，函数中止 |
| setTimeout() | 用于设置 readBytes() 函数或 readBytesUntil() 函数等待串口数据的时间 |
| write() | 向串口发送 val 字符串 |

Serial 库中最常用的函数是 Serial.begin()、Serial.read()、Serial.write()、Serial.print() 和 Serial.printIn()。

Serial.begin() 函数用于设置串口的波特率，即数据的传输速度(每秒传输的符号个数)。Arduino IDE 的串口监视器通常使用 9600bit/s 的速率，例如：

```
Serial.begin(9600);
```

Serial.read() 函数用于读取串口数据，该函数不带参数，其返回值为 int 型串口数据。

Serial.write() 函数可向设备发送一字节的原始数据，没有任何格式，例如：

```
Serial.write(testByte);        // 以 ASCII 码格式输出
```

Serial.print() 函数以 ASCII 码格式发送数据，数据可以是变量，也可以是字符串，例如：

```
Serial.print("nice day");    // 输出字符串
Serial.print(a,BIN);         // 以二进制发送变量 a
Serial.print(a,OCT);         // 以八进制发送变量 a
Serial.print(a,DEC);         // 以十进制发送变量 a
```

```
Serial.print(a,HEX);          // 以十六进制发送变量 a
```

Serial.printIn()函数与 Serial.print()函数类似，只是多了换行功能。例如，Arduino 向计算机发送“nice day”，程序如下：

```
void setup() {
 Serial.begin(9600);    // 初始化串口,波特率为 9600bit/s
}

void loop() {
 Serial.printIn("nice day");// 输出字符串"nice day"
 delay(1000);
}
```

通过 Arduino IDE 的串口监视器可以看到如图 5-44 所示的结果，需注意，串口监视器中的波特率要与程序代码初始化的波特率一致，否则将出现乱码。

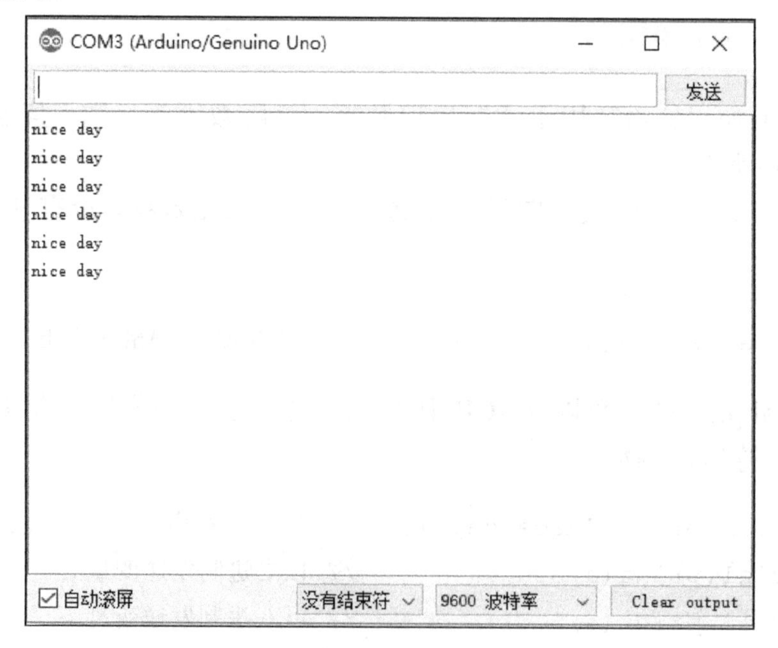


图 5-44　串口监视器中显示“nice day”

**【综合练习5-6】** 利用串口监视器控制风扇旋转。

设计要求：使用1个舵机、3个乐高扇叶零件、1个三叉三向十字轴零件、1个轴零件、一块Arduino UNO开发板、若干个跳线设计一个可通过在串口监视器中输入数值控制旋转角度的风扇。

项目说明：舵机是一种位置(角度)伺服的驱动器，适用于那些需要控制角度变化的系统，如图5-45所示，它可以根据指令在0°～180°旋转。舵机有很多规格，但通常都有接地GND(棕色或黑色)、接电源VCC(红色)和接信号S(橙色)三个接线引脚，它们分别与Arduino UNO开发板的GND、5V接口和数字引脚9或10连接，如图5-46所示。

图5-45　舵机

在Arduino IDE中有控制舵机的Servo.h库，编程时可直接调用。首先要创建舵机对象以控制一个舵机，语句为“Servo myservo;”，设定舵

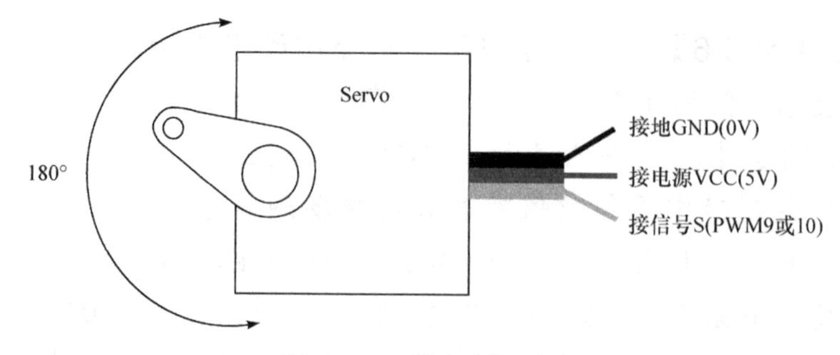


图 5-46　舵机原理图

机旋转的函数为 write()，读取舵机角度的函数为 read()，判断舵机参数是否已发送到舵机所在的引脚的函数为 attached()，舵机与其引脚分离的函数为 detach()。

编程时，用 Serial.read()函数读取从串口传送来的数据，但 Serial.read()函数每次仅能读取缓冲区第 1 个字节的数据，而不是把缓冲区数据一次读完，因此需使用“+=”运算符将字符依次添加到字符串中，具体程序如程序 5-5 所示。旋转风扇的最终效果如图 5-47 所示。

【程序 5-5】

```
#include <Servo.h>
Servo myservo;
// 创建舵机对象以控制一个舵机
int pos =0;                          // 定义舵机初始角度
char a;                              // 声明字符变量 a
String inString="";                  // 临时字符变量

void setup() {
 myservo.attach(9);
// 将连接在数字引脚 9 上的舵机与对象相连
 Serial.begin(9600);
// 初始化串口，波特率为 9600bit/s
}
void loop() {
while(Serial.available() > 0){// 判断是否有数据输入
```

```
 a=Serial.read();                // 读取输入的数据
 inString +=(char)a;             // 将字符依次添加到字符串中
 delay(10);                      // 等待输入字符完全进入缓冲区
 pos=inString.toInt();           // 将字符串类型转换为整型
 myservo.write(pos);             // 指示舵机根据变量值旋转
 delay(100);
}
if(inString!=""){                // 判断临时变量是否为空
 Serial.print("inString");
 Serial.printIn(inString);// 将接收到的数据再回传计算机
 inString="";                    // 清空已输出数据
 delay(100);
}
}
```

图 5-47　旋转风扇的最终效果

**【综合练习 5-7】** 设计一个校园气象站[①]。

设计要求：使用 1 个 DHT11 温湿度传感器、1 个雨滴传感器、1 个风速传感器、一块 1602LCD 或一块 IIC 1602LCD、一块 Arduino UNO 开发板、一块面包板、若干个跳线设计一个校园气象站。

项目说明：Arduino UNO 开发板作为校园气象站的核心控制模块，通过面包板连接监测模块以及显示模块，整个系统利用电池驱动，监测模块检测到环境中的温度湿度、雨量以及风速后，将数据传输到显示模块，显示在 1602LCD 上，校园气象站的整体框架如图 5-48 所示。

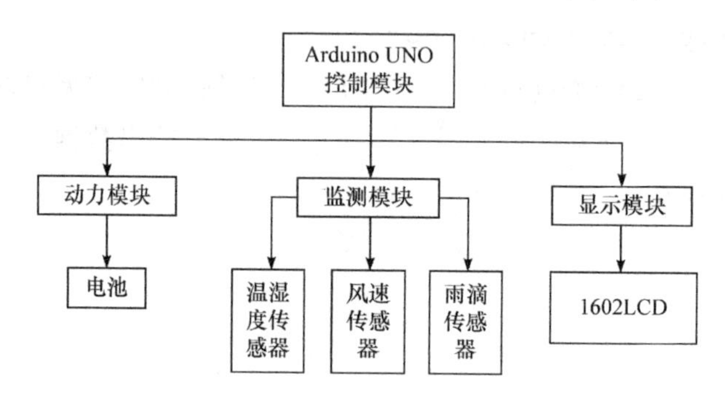


图 5-48 校园气象站的整体框架图

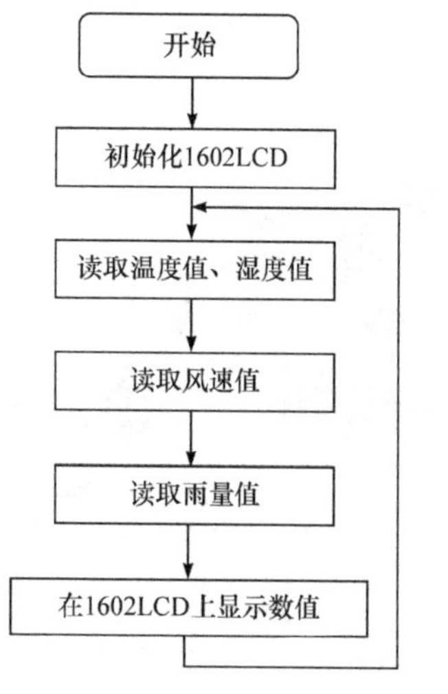


图 5-49 校园气象站的系统流程图

校园气象站的系统流程如图 5-49 所示，上电后，首先初始化 1602LCD，然后依次读取温度值、湿度值、风速值和雨量值，并将各气象要素值显示在 1602LCD 上。

校园气象站的系统连接图如图 5-50 所示，DHT11 温湿度传感器的 VCC 接 Arduino UNO 的 5V 接口、GND 接地、DATA 连接数字引脚 6。雨滴传感器的 A0 连接 Arduino UNO 的模拟引脚 A0，GND 接地，VCC 接 5V 接口。风速传感器的信号线接到 Arduino UNO 的模

① 项目案例“校园气象站”由北京市中科启元学校王佳佳提供。

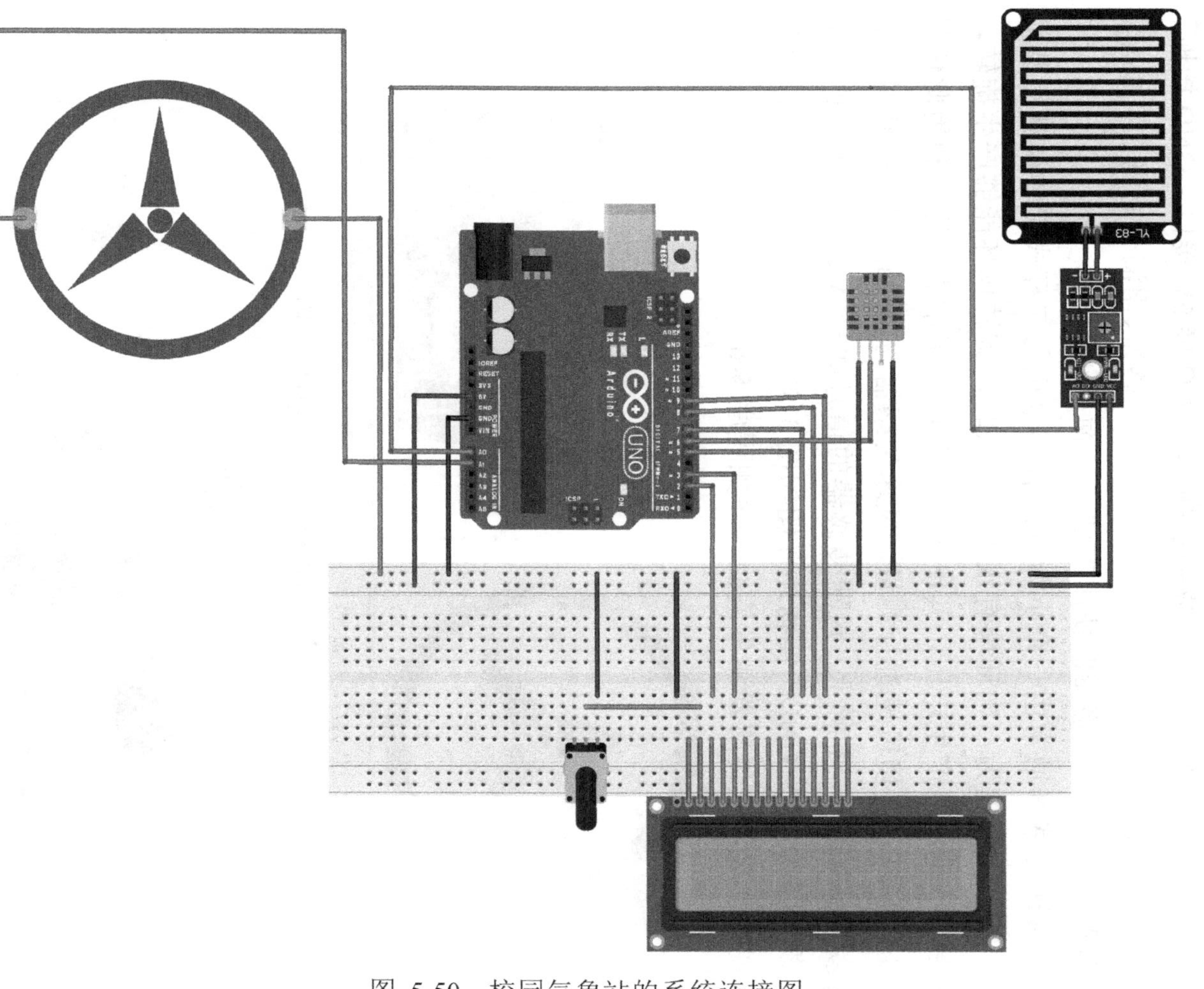


图 5-50　校园气象站的系统连接图

拟引脚 A1，负极接 GND，正极接 5V 接口。1602LCD 的 RS 接 Arduino UNO 的数字引脚 2，E 接数字引脚 3，D4 接数字引脚 5，D5 接数字引脚 7，D6 接数字引脚 8，D7 接数字引脚 9，VCC 接 5V 接口，GND 接地。

接下来对校园气象站中所用到的风速传感器、雨滴传感器、1602LCD 和 DHT11 温湿度传感器的使用方法进行简要说明。

风速传感器通常由一个小型直流有刷电机与三杯式旋转风杯组装而成，其工作原理为，当环境有水平流动风时，旋转风杯能够产生旋转，并带动小型电机产生电压，其电压与旋转速度基本成正比。利用此信号电压，可以对环境风速进行测量。风速传感器与 Arduino UNO 开发板的连接方式如图 5-51 所示，风速传感器的信号线接 Arduino UNO 的模拟引脚 A1，负极接 GND。实物连接图如图 5-52 所示。通过 Arduino 串口监视器读取风速传感器测量值的程序如程序 5-6 所示。

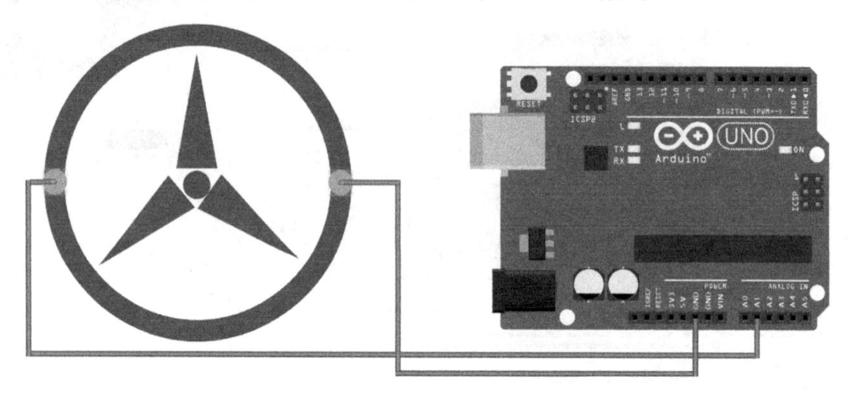


图 5-51　风速传感器的电路连接图

图 5-52　风速传感器的实物连接图

**【程序 5-6】**

```
float wind=0.0;
float wind_value=0.0;

void setup() {
  Serial.begin(9600);
// 初始化串口，波特率为 9600bit/s
}
void loop() {
  int sensorValue = analogRead(A1);
// 读取模拟引脚 A1 上的风速数值
  float wind = sensorValue * (5000 / 1024.0);
// 转换风速值
  wind_value=0.027*wind;                          // 风速换算公式

  Serial.print("Wind Speed:");
  Serial.print(wind_value);                       // 输出风速值
  Serial.printIn("km/h");
  delay(1000);
}
```

雨滴传感器可用于检测是否下雨及雨量的大小，并将雨量转成数字信号(DO)和模拟信号(AO)输出。雨滴传感器由 4 个引脚组成，即 VCC、GND、D0、A0，它们分别与 Arduino UNO 开发板的 5V 接口、GND、数字引脚和模拟引脚连接。通过 Arduino IDE 的串口监视器可以看到雨量值，当雨量达到一定数值时，Arduino 可以通过与报警器等器件结合，实现多种功能的报警。接下来，通过一个实例演示上述功能的实现。雨滴传感器与 Arduino UNO 相连，VCC 接 5V 接口、GND 接地、D0 接数字引脚 7、A0 接模拟引脚 A0。红色 LED 的正极接数字引脚 10，负极接地，电路连接图如图 5-53 所示，实物连接图如图 5-54 所示。

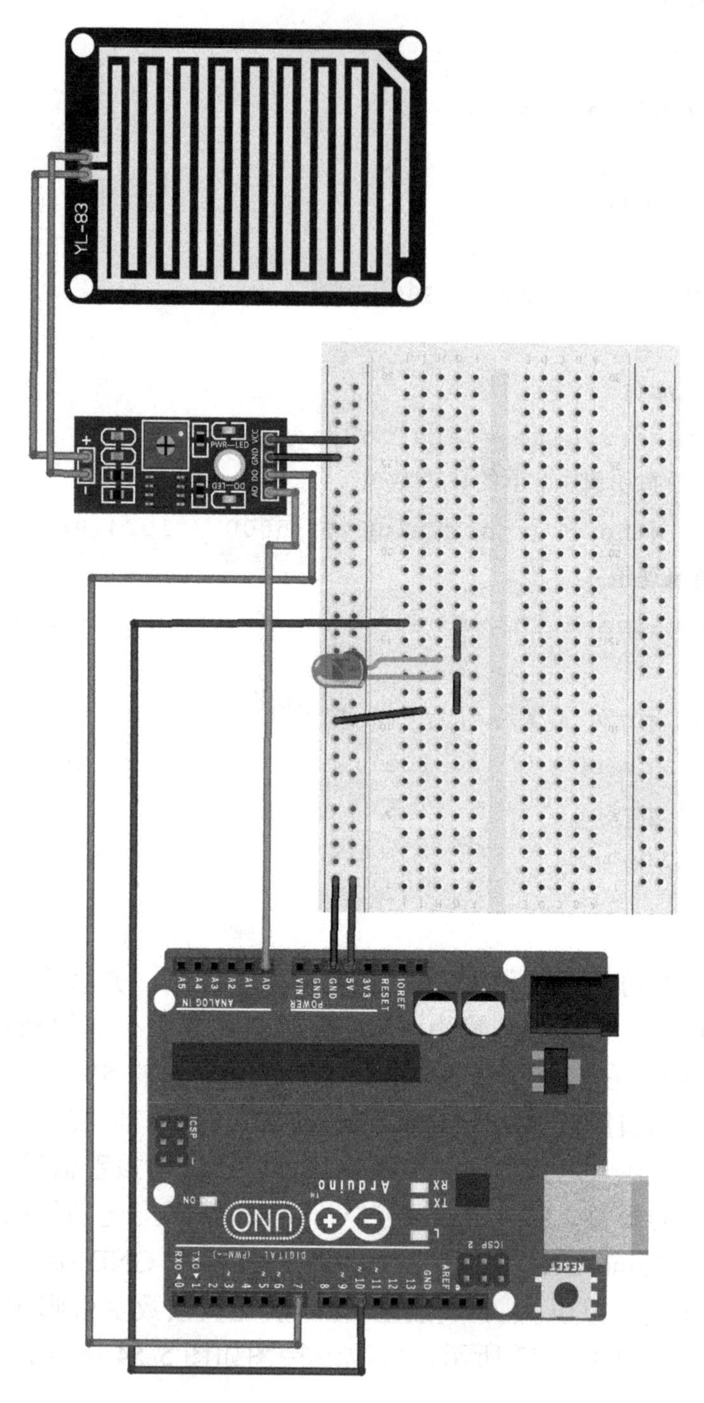


图 5-53　雨滴传感器的电路连接图

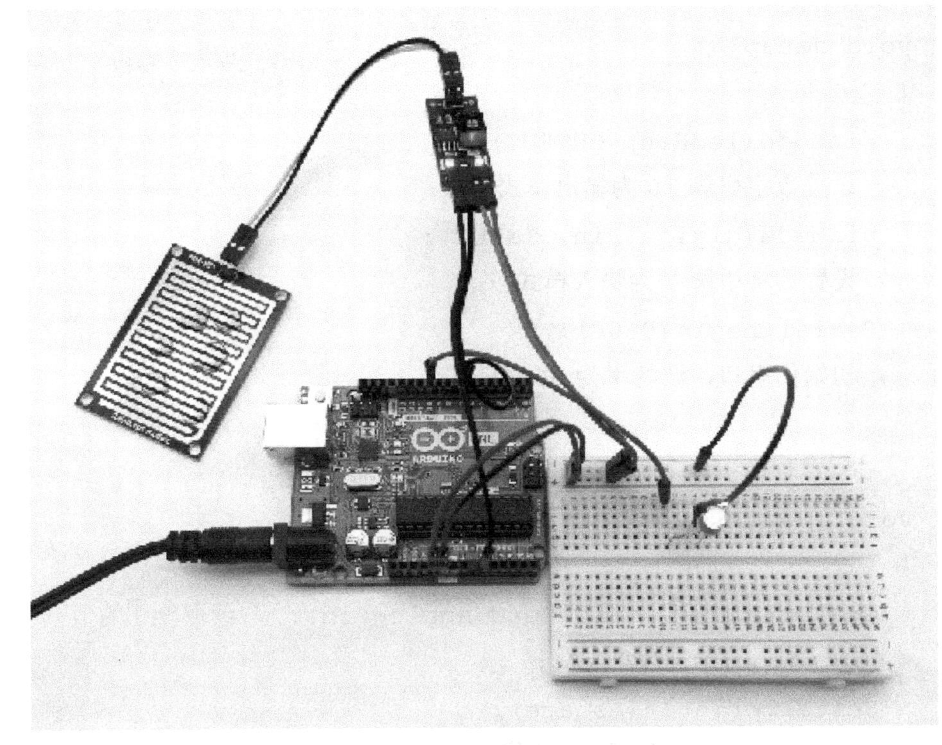

图 5-54　雨滴传感器的实物连接图

雨滴传感器模拟信号 A0 值越小，说明雨量越大。设定报警的警戒值为 500，当 Arduino UNO 读取到的 A0 值小于 500 时，红色 LED 亮起报警，具体程序如程序 5-7 所示。

**【程序 5-7】**

```
const int analogPin = A0;
// 定义模拟引脚 A0 连接雨滴传感器的 A0
const int digitalPin = 7;
// 定义数字引脚 7 连接雨滴传感器的 D0
const int RedLED = 10;
// 定义数字引脚 10 连接红色 LED
int Astate = 0;
boolean Dstate = 0;
```

```
void setup()
{
  pinMode(ledPin, OUTPUT);
 // 设置数字引脚 10 为输出模式
  pinMode(digitalPin, INPUT);
 // 设置数字引脚 7 为输入模式
  Serial.begin(9600);
 // 初始化串口，波特率为 9600bit/s
}

void loop()
{
  int Astate = analogRead(analogPin);// 读取 A0 的值
 Serial.print("A0: ");
  Serial.printIn(Astate);
 // 在串口监视器上显示 A0 的值
 if (Astate < 500)
 {
   digitalWrite(RedLED, HIGH);
 // A0 值小于 500 时，红色 LED 亮
 }
 else
 {
   digitalWrite(RedLED, LOW);
                                          // 否则，红色 LED 灭
 }
}
```

1602LCD 能够显示 16 列 2 行的字符，其与 Arduino UNO 有两种连接方法：八位接法和四位接法，八位接法基本把 Arduino UNO 的数字引

脚都占满了，通常采用四位接法，即使用 1602LCD 的 D4～D7 传输数据。如果使用 IIC 1602LCD，则只需占用 Arduino UNO 的 2 个数字引脚。IIC 1602LCD 有四个引脚 GND、VCC、SDA、SCL，它们分别接 Arduino UNO 的 GND、5V 接口、模拟引脚 A4 和 A5，电路连接图如图 5-55 所示，实物连接图如图 5-56 所示。

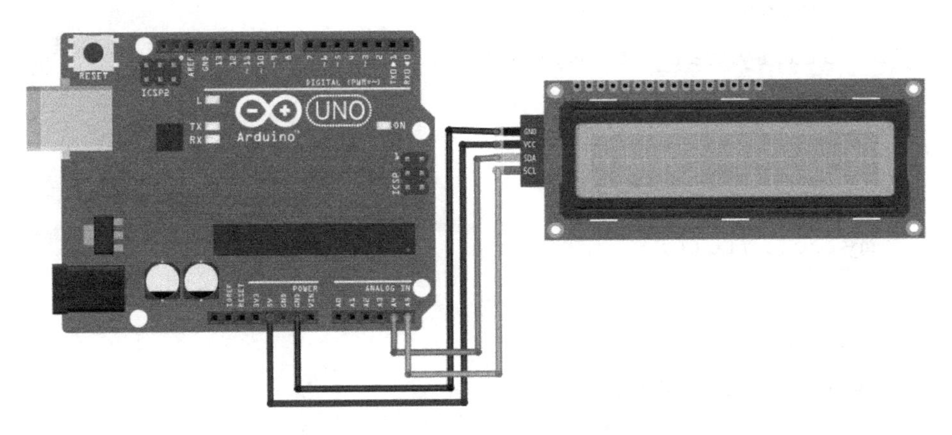


图 5-55　IIC 1602LCD 的电路连接图

图 5-56　连接完成后的 IIC 1602LCD 实物图

使用 IIC 1602LCD 时，需要从 Arduino IDE 菜单栏的“项目”选项中，通过加载库的方法，下载安装库文件 LiquidCrystal_I2C。常用到的函数有：lcd.clear() 函数用于清除屏幕；lcd.setCursor() 函数用于设定字符串的起始位置，括号中的第 1 个数字表示列，从 0～15 选取，括号中的第 2 个数字表示行，0 代表第 1 行，1 代表第 2 行。让 IIC 1602LCD 显示设定内容的程序如程序 5-8 所示。

【程序 5-8】

```
#include<Wire.h>
#include<LiquidCrystal_I2C.h>
 LiquidCrystal_I2C mylcd(0x27,16,2);
 //声明 IIC 1602 LCD 的大小

void setup() {
  mylcd.init();
                                      // 初始化 IIC 1602 LCD
  mylcd.clear();
  mylcd.backlight();
  mylcd.setCursor(0,0);
}

void loop() {
mylcd.setCursor(0,0);
mylcd.print("Hello");                 // 输出字符串
mylcd.setCursor(0,1);
mylcd.print("IIC 1602LCD");           // 输出字符串
delay(1000);
}
```

DHT11 温湿度传感器是一种复合传感器，可以检测出环境温度和相对湿度。一个封装好的 DHT11 温湿度传感器有三个接线引脚，分别是 VCC、GND、DATA，其中，引脚 DATA 可与 Arduino UNO 开发板的任一数字引脚连接，将它们分别与 Arduino UNO 开发板的 5V 接口、GND 和数字引脚 6 相连，电路连接图如图 5-57 所示，实物连接图如图 5-58 所示。

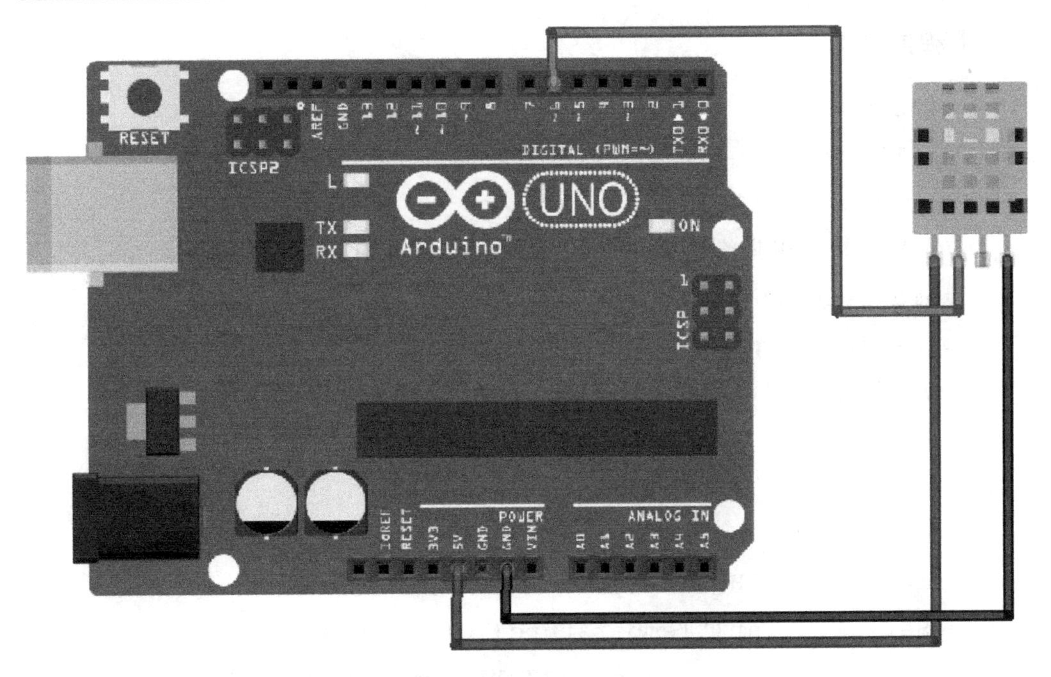


图 5-57　DHT11 温湿度传感器的电路连接图

图 5-58　连接完成后的 DHT11 温湿度传感器实物图

使用 DHT11 温湿度传感器时要调用 DHT11 库，需先从网上找到并下载该库文件，然后通过 Arduino IDE 加载该库文件，并在代码中引入库文件#include <dht11.h>，这样就可以使用 DHT11 库了。利用 Arduino IDE 的串口监视器显示温湿度的程序如程序 5-9 所示。

【程序 5-9】

```
#include <dht11.h>
dht11 DHT11;
 #define DHT11PIN 6
// 定义数字引脚 6 连接 DHT11 温湿度传感器的 DATA 引脚
void setup() {
   Serial.begin(9600);
 // 初始化串口，波特率为 9600bit/s
}


void loop() {
  int chk = DHT11.read(DHT11PIN);
  Serial.print("Temperature(°C): ");
  Serial.printIn((float)DHT11.temperature, 2);
 // 输出读取的温度值
Serial.print("Humidity (%): ");
   Serial.printIn((float)DHT11.humidity, 2);
 // 输出读取的湿度值
  delay(1000);
}
```

校园气象站的程序如程序 5-10 所示。首先初始化 DHT11 温湿度传感器、雨滴传感器和 1602LCD，然后读取各传感器的测量值，并显示在 1602LCD 上。

【程序 5-10】

```
#include "DHT.h"
#include <LiquidCrystal.h>
 #define DHTPIN 6
 // 定义 DHT11 温湿度传感器的引脚
#define DHTTYPE DHT11
```

```
#define WATER_A0PIN A0   // 定义雨滴传感器的引脚
const int rs = 2, en = 3, d4 = 5, d5 = 7, d6 = 8, d7 =
9;                      // 定义 1602LCD 的引脚
LiquidCrystal lcd(rs, en, d4, d5, d6, d7);
DHT dht(DHTPIN, DHTTYPE);
float wind=0.0;              // 设置风速的初始值
float wind_value=0.0;
void setup() {
  dht.begin();               // 温湿度
  lcd.begin(16, 2);          // 定义 1602 LCD 的长宽
  lcd.clear();               // 清屏
  Serial.begin(9600);        // 初始化串口，波特率为 9600 bit/s
  pinMode(A0,INPUT);
// 将雨滴传感器的引脚 A0 设置为输入
}
void loop() {
  delay(2000);
  float Temperature_value = dht.readTemperature();
//将读取的温度值赋给变量 T
  int Humidity_value = dht.readHumidity();
//将读取的湿度值赋给变量 H
int sensorValue = analogRead(A1);
// 读取模拟引脚 A1 上的风速数值
  float wind = sensorValue * (5000 / 1024.0);
// 转换风速值
  wind_value=0.027*wind;
// 风速换算公式
  int WATER_value = analogRead(WATER_A0PIN);
// 将从 A0 引脚读取的雨量值赋给变量 Y
  WATER_value = map(WATER_value,0,1023,255,0);
// 将 Y 值映射到 0-255 的范围
```

```
  Serial.print("T:");
// 串口显示，目的是进行调试
  Serial.printIn(Temperature_value);// 输出读取的温度值
  Serial.print("H:");
  Serial.printIn(Humidity_value);    // 输出读取的湿度值
  Serial.print("WATER:");
  Serial.printIn(WATER_value);
  Serial.print("Wind Speed:");
  Serial.print(wind_value);
  Serial.printIn("m/s");
  lcd.setCursor(0,0);                        // 设置光标位置
  lcd.print("T:   ");
// 加空格是为了在更新的时候，将几位的数字全部更新
  lcd.setCursor(2,0);
  lcd.print(Temperature_value);       // 输出温度值
  lcd.setCursor(6,0);
  lcd.print("H:  ");
  lcd.setCursor(8,0);
  lcd.print(Humidity_value);         // 输出湿度值
  lcd.setCursor(10,0);
  lcd.print("S:    ");
  lcd.setCursor(12,0);
  lcd.print(wind_value);             // 输出风速值
  lcd.setCursor(0,1);
  lcd.print("Y:   ");
  lcd.setCursor(2,1);
  lcd.print(WATER_value);                 // 输出雨量值
}
```

# 第 6 章　Arduino 轮式移动机器人

根据不同的目的、功能、用途、驱动方式等，机器人可以分为很多类型。本章围绕轮式移动机器人，依次介绍基于 Arduino 的轮式自走机器人、超声波避障机器人、红外循迹机器人和红外遥控机器人的工作原理和与其相关的软、硬件。本章的结构图如图 6-1 所示。

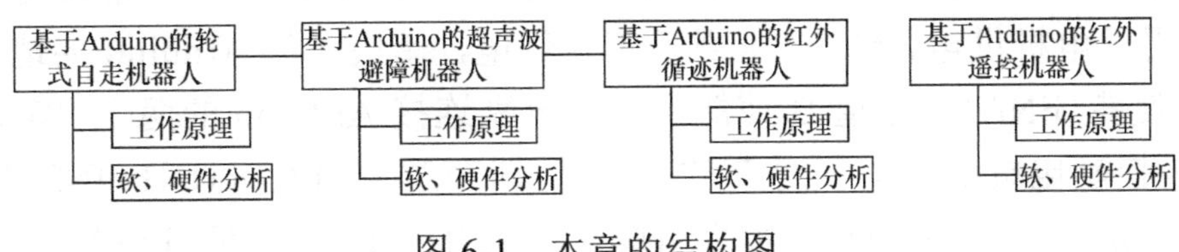


图 6-1　本章的结构图

## 6.1　基于 Arduino 的轮式自走机器人

轮式移动机器人是一种采用轮子为移动方式，集环境感知、运动规划、自主控制等功能为一体的综合系统[14]。本节将用 Arduino 控制一个轮式移动机器人的行进，读者将了解 Arduino 驱动电机的具体方式以及 L298N 电机驱动模块的使用。

### 6.1.1　工作原理

1. 基于 Arduino 的轮式自走机器人结构

基于 Arduino 的轮式自走机器人的控制系统由 Arduino UNO 开发板作为核心控制模块，通过 L298N 电机驱动模块控制四个直流电机，四个直流电机带动小车的四个轮子转动，以实现轮式自走机器人的前进、后退、左转和右转，基于 Arduino 的轮式自走机器人结构如图 6-2 所示。

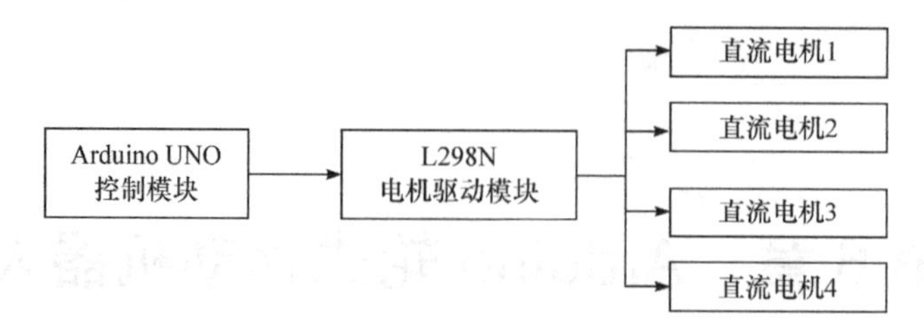


图 6-2　基于 Arduino 的轮式自走机器人结构图

2. L298N 电机驱动模块

L298N 电机驱动模块可以同时控制两个直流电机，如图 6-3 所示。模块需要连接外部电源，其可驱动的额定电压不超过 35V，通常使用 12V 电压用于电机供电，5V 电压用于芯片供电，模块要与 Arduino 共地。通道 A 使能(ENA)、通道 B 使能(ENB)分别连接 Arduino 的两个 PWM 输出口，控制电机的转动和对 PWM 调速。四个逻辑输入口(IN1、IN2、IN3、IN4)分别连接 Arduino 的数字引脚，通过高(HIGH)、低(LOW)电平来控制电机的正、反转和制动。输出 A 和输出 B 分别连接两个直流电机的两个接线口。

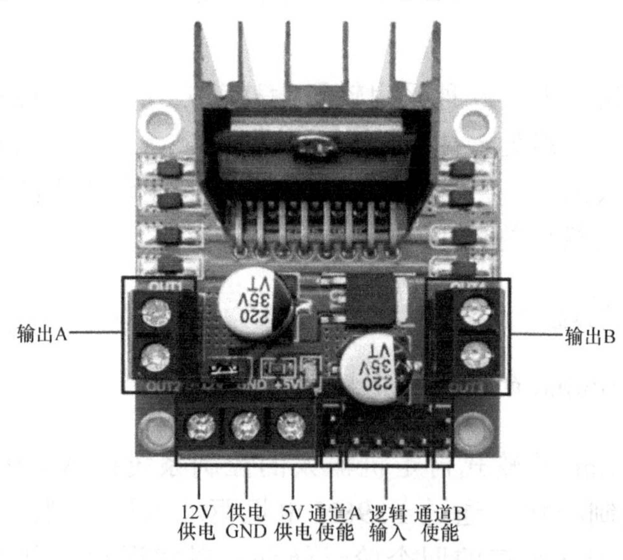


图 6-3　L298N 电机驱动模块

L298N 电机驱动模块的输入端与使能端需通过一定的逻辑关系控制直流电机，如表 6-1 所示。

表 6-1　L298N 电机驱动模块

| ENA (ENB) | IN1 (IN3) | IN2 (IN4) | 直流电机状态 |
|---|---|---|---|
| H | H | L | 正转 |
| H | L | H | 反转 |
| H | H | H | 制动 |
| H | L | L | 制动 |
| L | × | × | 停止 |

3. 直流电机

直流电机是将直流电能转换成机械能的装置。根据直流电机是否配置电刷-换向器可以将其分为有刷直流电机和无刷直流电机。

无刷直流电机中没有传统直流电机的碳刷、滑环结构，但是具备传统直流电机的优点，其接线比有刷直流电机复杂。常用的有刷直流电机一般有两个电源引脚，这两个引脚影响电机的转动方向，当接法颠倒时，电机会从正转转向反转。有刷直流电机有红、黑两根接线，红色接线连接 9～12V 的电机驱动电源正极，黑色接线连接电机驱动电源负极，如图 6-4 所示。

图6-4 彩图

图 6-4　有刷直流电机

### 6.1.2 软、硬件分析

1. 系统连接

L298N 电机驱动模块的 IN1、IN2、IN3、IN4 分别连接 Arduino UNO 的数字引脚 9、8、7、6，ENA 连接数字引脚 10，ENB 连接数字引脚 5，左侧两个电机上的红色连接线均连接到 IN1，黑色连接线均连接到 IN2；右侧两个电机上的红色连接线均连接到 IN4，黑色连接线均连接到 IN3，使 IN1、IN2 和 ENA 控制左侧的 2 个轮子，IN3、IN4 和 ENB 控制右侧的 2 个轮子。L298N 电机驱动模块和 Arduino UNO 必须共地，如果不共地，L298N 电机驱动模块就无法识别出 Arduino UNO 数字端口的高低电平，电路连接图如图 6-5 所示，实物图如图 6-6 所示。

L298N 电机驱动模块的输出 A 和输出 B 分别连接左右 4 个直流电机的连接线，如果有轮子并未按预想方向旋转，将该轮子所对应的直流电机红、黑两根连接线与输出口对调。

2. 流程图

上电后首先对 Arduino UNO 开发板的数字端口进行初始化，然后开发板载入相应的控制函数，控制小车的前进、后退、左转、右转以及停止，流程图如图 6-7 所示。

3. 程序设计

1）L298N 电机驱动模块调试

将直流电机红、黑两根连接线与 L298N 电机驱动模块的输出 A 连接，模块的 ENA、IN1、IN2、5V 供电、供电 GND 分别与 Arduino UNO 开发板的数字引脚 10、9、8、5V 接口和 GND 连接，12V 的充电电池接入模块的 12V 供电和供电 GND，电路连接图如图 6-8 所示，实物图如图 6-9 所示。

利用 digitalWrite() 函数设定 IN1 和 IN2 的电平，进而调整电机的转动方向，利用 analogWrite() 函数调整电机的转速，analogWrite() 函数输出的占空比范围是 0～255，数值越大，电机转速越快，程序具体内容如程序 6-1 所示。

图6-5 彩图

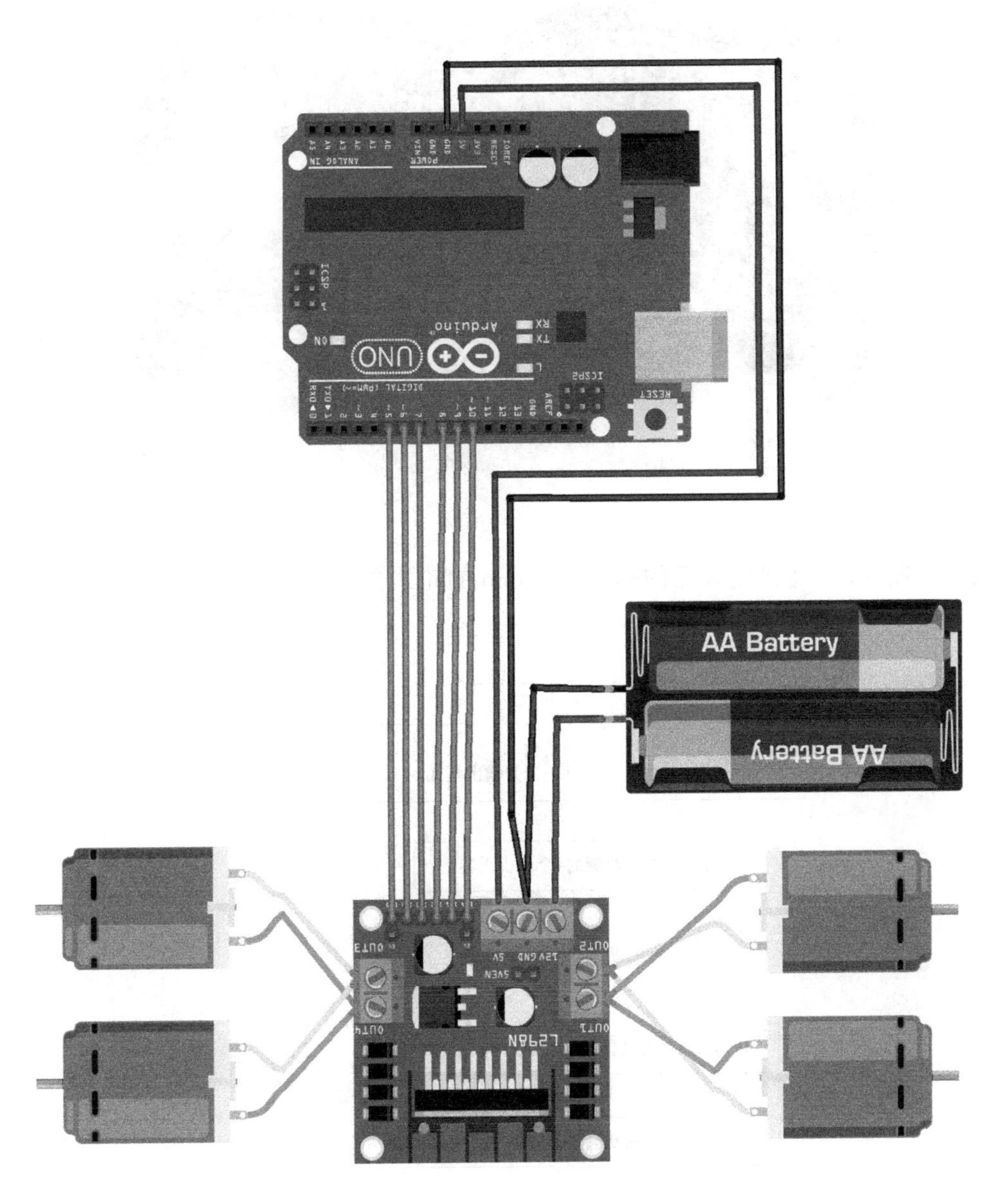


图 6-5　基于Arduino的轮式自走机器人的电路连接图

图6-6 彩图

图 6-6　连接完成后的基于 Arduino 的轮式自走机器人实物图

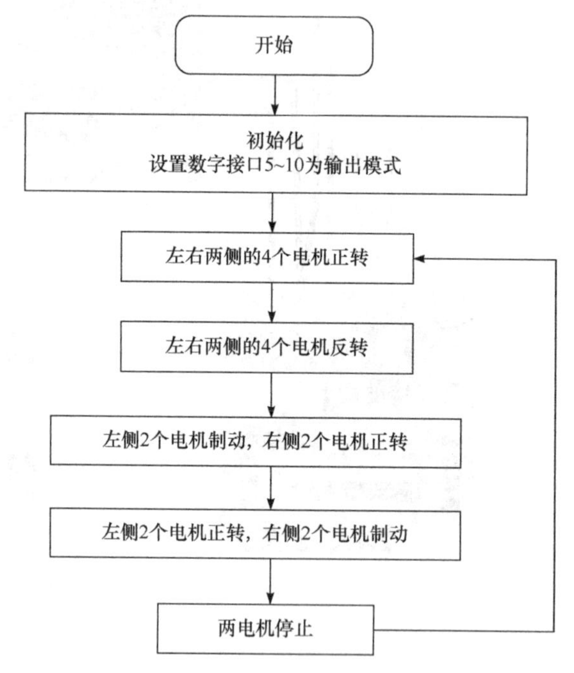


图 6-7　基于 Arduino 的轮式自走机器人流程图

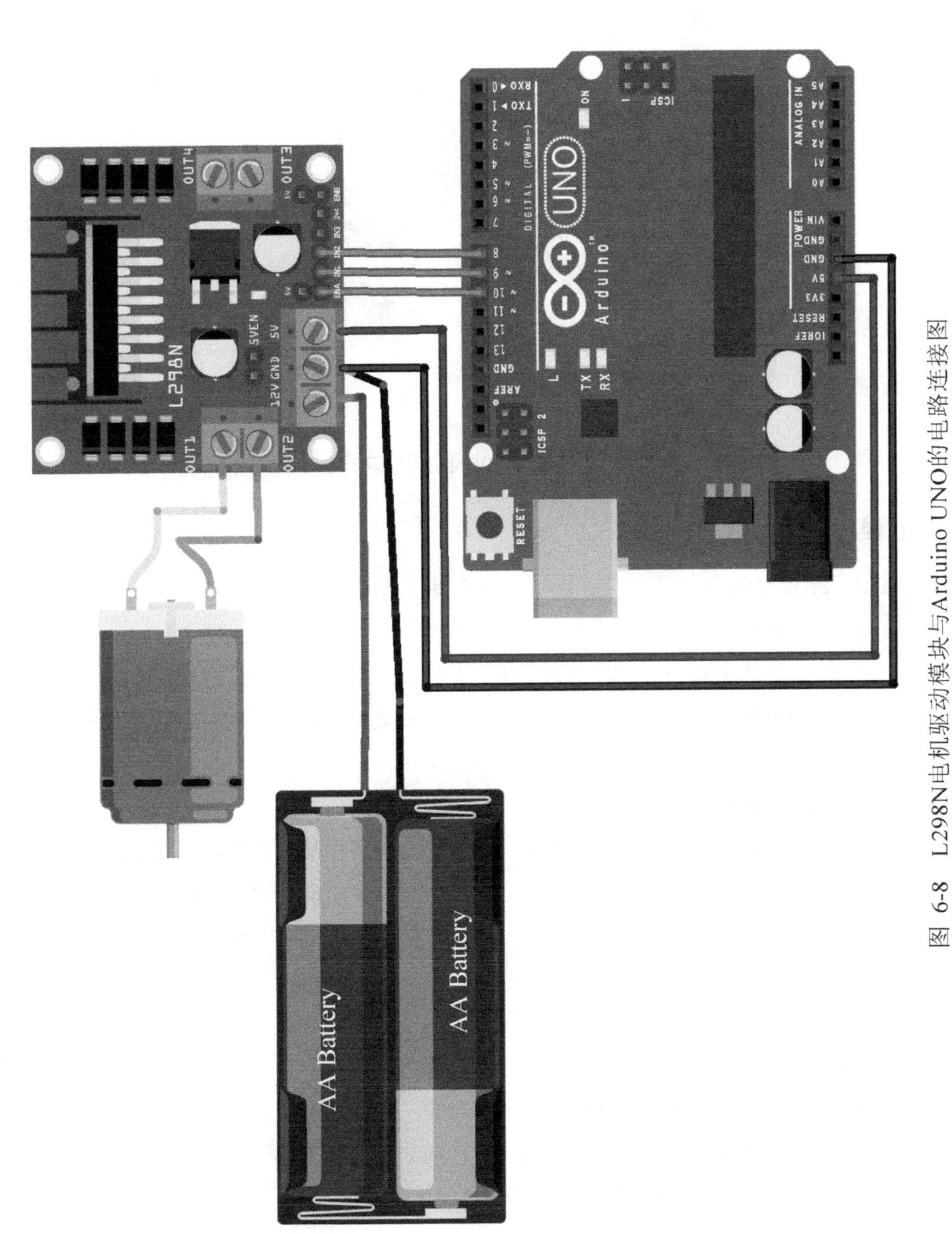

图6-8 彩图

图 6-8　L298N电机驱动模块与Arduino UNO的电路连接图

图6-9 彩图

图 6-9　连接完成后的 L298N 电机驱动模块实物图

【程序 6-1】

```
int ENA=10;                    // 定义数字引脚 10 连接 ENA
int IN1=9;
 // 定义数字引脚 9 连接 IN1，数字引脚 9 具有 PWM 模拟输出功能
int IN2=8;                     // 定义数字引脚 8 连接 IN2

void setup() {
  pinMode( ENA, OUTPUT);  // 设置数字引脚 10 为输出模式
  pinMode( IN1, OUTPUT);  // 设置数字引脚 9 为输出模式
  pinMode( IN2, OUTPUT);  // 设置数字引脚 8 为输出模式
}

void loop() {
  analogWrite(ENA,255);
  digitalWrite(IN1, LOW);  // 前进状态，轮子反转
  digitalWrite (IN2, HIGH);
  delay(1000);
```

```
  analogWrite(ENA,255);
  analogWrite(IN1, 50);             // PWM 调速，轮子慢速正转
  digitalWrite(IN2, LOW);
  delay(1000);
}
```

2）Arduino 程序

Arduino 程序只有 setup(函数和 loop)函数，将小车的前进、后退、左转、右转和停止的控制分别写成函数模块，loop 部分循环读取上位机发送的指令，并载入相应的函数，程序具体内容如程序 6-2 所示。

**【程序 6-2】**

```
int Left_ENA=10;                    // 定义数字引脚 10 连接 ENA
int Left_IN1=9;                     // 定义数字引脚 9 连接 IN1
int Left_IN2=8;                     // 定义数字引脚 8 连接 IN2
int Right_IN3=7;                    // 定义数字引脚 7 连接 IN3
int Right_IN4=6;                    // 定义数字引脚 6 连接 IN4
int Right_ENB=5;                    // 定义数字引脚 5 连接 ENB

void setup() {
pinMode( Left_ENA, OUTPUT);         // 设置数字引脚 10 为输出模式
pinMode( Left_IN1, OUTPUT);         // 设置数字引脚 9 为输出模式
pinMode( Left_IN2, OUTPUT);         // 设置数字引脚 8 为输出模式
pinMode( Right_IN3, OUTPUT);        // 设置数字引脚 7 为输出模式
pinMode( Right_IN4, OUTPUT);        // 设置数字引脚 6 为输出模式
pinMode( Right_ENB, OUTPUT);        // 设置数字引脚 5 为输出模式
}

void loop() {
forward();
```

```
  delay(1000);
  backward();
  delay(1000);
  turnLeft();
  delay(1000);
  turnRight();
  delay(1000);
  brake();
  delay(1000);
  }

  void forward(){
    analogWrite(Left_ENA,255);        // 左侧电机全速
    digitalWrite(Left_IN1, LOW);      // 左轮前进
    digitalWrite(Left_IN2, HIGH);
    analogWrite(Right_ENB,255);       //右侧电机全速
    digitalWrite(Right_IN3, LOW);     // 右轮前进
    digitalWrite(Right_IN4, HIGH);
    }

  void backward(){
    analogWrite(Left_ENA,255);        // 左侧电机全速
    digitalWrite(Left_IN1, HIGH);     // 左轮后退
    digitalWrite(Left_IN2, LOW);
    analogWrite(Right_ENB,255);       // 右侧电机全速
    digitalWrite(Right_IN3, HIGH);    // 右轮后退
    digitalWrite(Right_IN4, LOW);
   }

  void turnLeft(){
```

```
  analogWrite(Left_ENA,255);         //左转(左轮不动,右轮转动)
  digitalWrite(Left_IN1, LOW);       // 左轮制动
  digitalWrite(Left_IN2, LOW);
  analogWrite(Right_ENB,255);        // 右侧电机全速
  digitalWrite(Right_IN3, LOW);      // 右轮前进
  digitalWrite(Right_IN4, HIGH);
  analogWrite(Right_IN3,30);         // PWM 调速
  analogWrite(Right_IN4,200);        // PWM 调速
 }
void turnRight(){
   analogWrite(Left_ENA,255);        // 右转(右轮不动,左轮转动)
  digitalWrite(Right_IN3, LOW);      // 右轮制动
  digitalWrite(Right_IN4, LOW);
  analogWrite(Right_ENB,255);
  digitalWrite(Left_IN1, LOW);       // 左轮前进

  digitalWrite(Left_IN2, HIGH);
  analogWrite(Left_IN1,30);          // PWM 调速
  analogWrite(Left_IN2,200);         // PWM 调速
  }
void brake(){
  digitalWrite(Left_IN1, LOW);       // 左轮制动
  digitalWrite(Left_IN2, LOW);
  digitalWrite(Right_IN3, LOW);      // 右轮制动
  digitalWrite(Right_IN4, LOW);
 }
```

## 6.2　基于 Arduino 的超声波避障机器人

本节将制作一个基于 Arduino 的超声波避障机器人，该机器人通过

舵机带动超声波模块转动，再借助超声波模块测距。然后根据测得的距离控制机器人的行动，其中涉及 HC-SR04 超声波模块的控制以及 Arduino 传感器扩展板的使用。

## 6.2.1　工作原理

### 1. 基于 Arduino 的超声波避障机器人结构

基于 Arduino 的超声波避障机器人在前进的同时，HC-SR04 超声波模块实时地测量与前方障碍物间的距离，根据测得的距离判定前方障碍物，并根据程序自动控制机器人选择最优行进路线，实现避障的功能，基于 Arduino 的超声波避障机器人结构如图 6-10 所示。

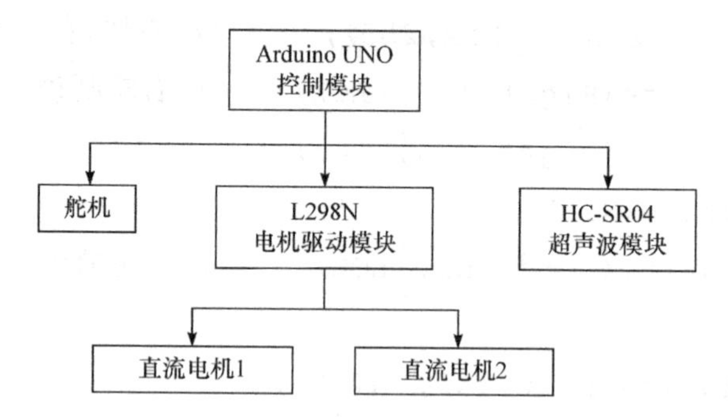


图 6-10　基于 Arduino 的超声波避障机器人结构图

### 2. 超声波测距原理

HC-SR04 超声波模块的原理是超声波发射器向某一方向发射超声波，在发射的同时开始计时，当超声波遇到障碍物时就会随即反射回来，一旦超声波接收器接收到反射波就立即停止计时，利用发射超声波到接收反射波的时间间隔计算出发射点距离障碍物的距离。

超声波模块为 HC-SR04，该模块的工作电压为 5V，感测距离为 2～400cm，被测面积不小于 50 $\mathrm{cm}^2$，感应角度不大于 15°，测距精度可达到 0.3cm；HC-SR04 超声波模块上通常有两个超声波元器件，一个用于发射超声波，另一个用于接收反射波。HC-SR04 超声波模块有四个引脚，分别为电源引脚 VCC、触发引脚 Trig、回波引脚 Echo 和接地引脚 GND，如图 6-11 所示，其中 GND 接地，电源引脚 VCC 接 Arduino UNO 开发板的 5V 接口，Trig 和 Echo 引脚可接除数字引脚 13 以外的任意数字引脚。

图 6-11　HC-SR04 超声波模块

HC-SR04 超声波模块的工作流程为，触发引脚 Trig 输入 10μs 的高电平，HC-SR04 超声波模块自动发射 8 个 40kHz 的周期脉冲，并自动检测回波，等检测到有回波信号，回波引脚 Echo 输出一高电平，高电平持续的时间就是超声波从发射到返回的时间，超声波时序图如图 6-12 所示。由此通过发射信号和接收到回波信号的时间间隔可以计算得出距离，公式为

$$\text{检测距离}=\frac{\text{高电平时间}\times\text{声波速度}(340\text{m/s})}{2}$$

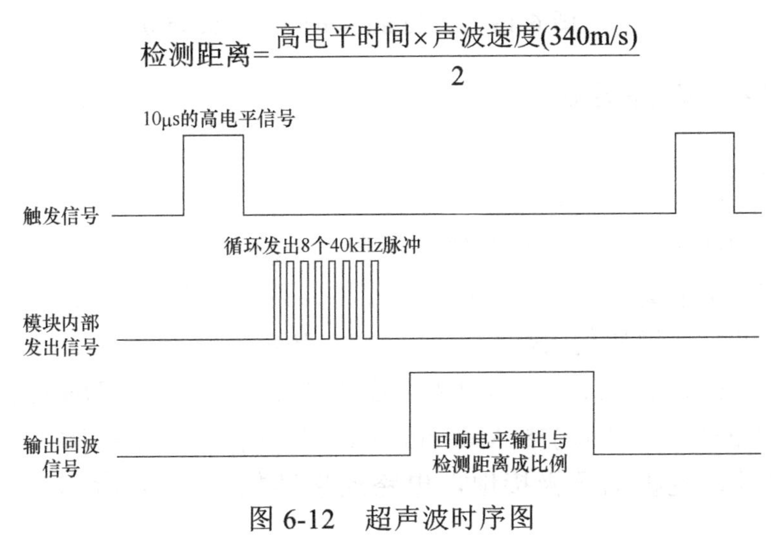


图 6-12　超声波时序图

3. Arduino 传感器扩展板

当 Arduino UNO 需要连接更多的传感器和其他外围设备时，Arduino

UNO 自带的数字引脚和模拟引脚无法满足要求，此时便可使用 Arduino Sensor Shield v5.0 传感器扩展板，如图 6-13 所示。Arduino Sensor Shield v5.0 传感器扩展板具有数字和模拟接头连接器、SD 卡接口、超声波/Ping 接口、蓝牙接口、APC220 无线接口、IIC 接口、LCD 串行及 LCD 平行接口。

图 6-13　Arduino Sensor Shield v5.0

## 6.2.2　软、硬件分析

1. 系统连接

HC-SR04 超声波模块的触发引脚 Trig、回波引脚 Echo 连接到 Arduino UNO 开发板的 A5 和 A4 引脚，另外两个引脚分别接电源和接地。L298N 电机驱动模块的 IN1、IN2、IN3、IN4 分别连接 Arduino UNO 开发板的数字引脚 9、8、7、6，ENA 连接数字引脚 10，ENB 连接数字引脚 5。舵机的信号控制端接 Arduino UNO 开发板的数字引脚 11，舵机的正极接电源，舵机的负极接地，电路连接图如图 6-14 所示，实物图如图 6-15 所示。

2. 流程图

系统流程图如图 6-16 所示，基于 Arduino 的超声波避障机器人前进

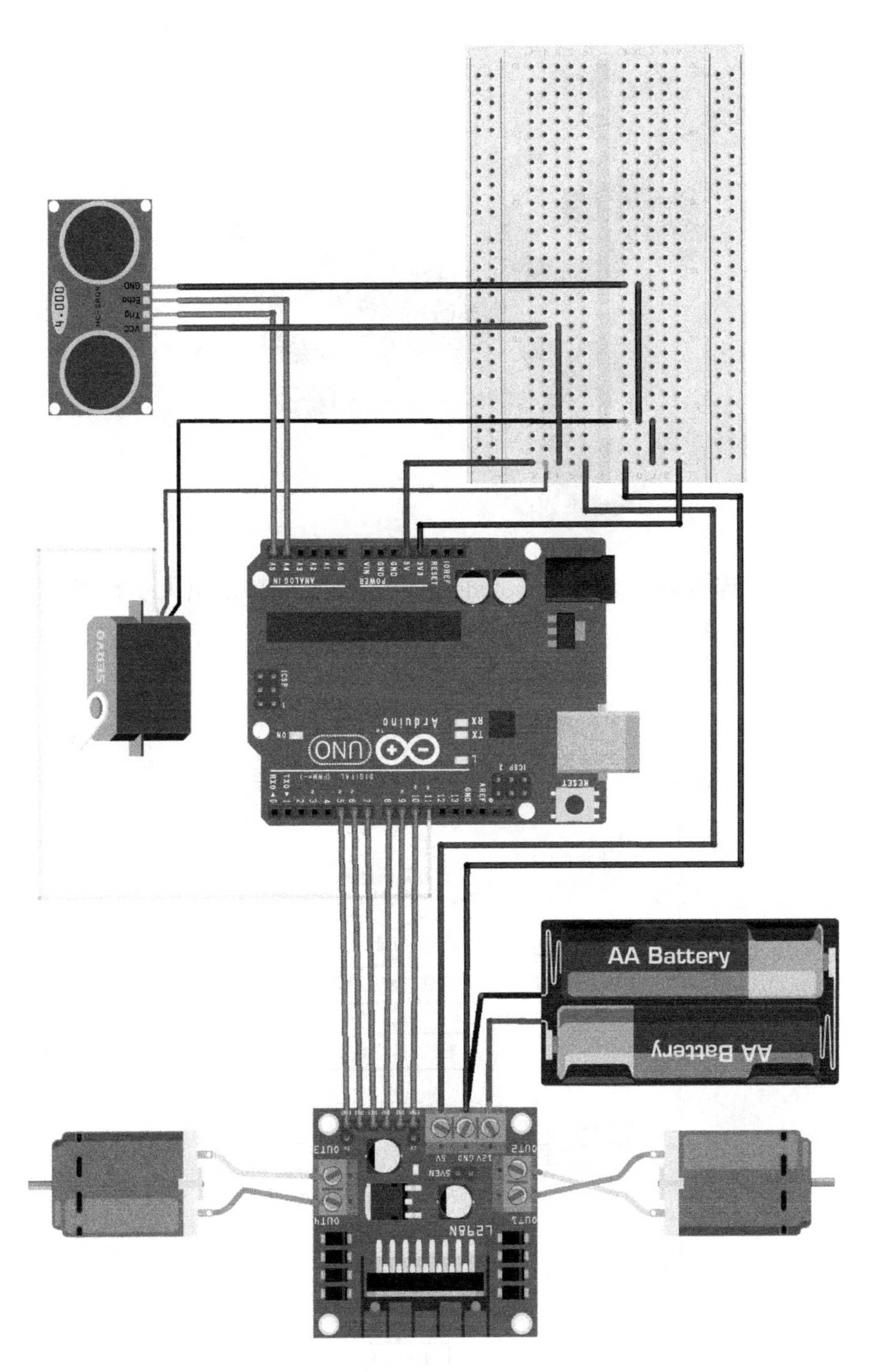

图6-14　基于Arduino的超声波避障机器人的电路连接图

图 6-15　连接完成后的基于 Arduino 的超声波避障机器人实物图

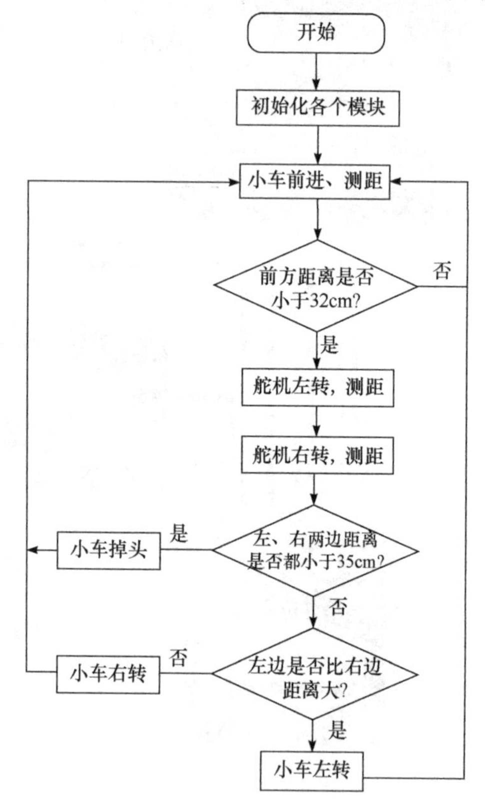


图 6-16　基于 Arduino 的超声波避障机器人流程图

的同时，HC-SR04 超声波模块不断探测与前方障碍物之间的距离，如果该距离大于预设值则继续前进，如果小于预设值则制动，然后 HC-SR04 超声波模块在舵机的驱动下转动，探索与左、右障碍物间的距离，并转向远离障碍物的方向，若左、右两侧距离都小于预设值，则机器人原地右转掉头。

3. 程序设计

1）HC-SR04 超声波模块调试

先将 HC-SR04 超声波模块的电源引脚 VCC、接地引脚 GND、触发引脚 Trig 和回波引脚 Echo 分别连接 Arduino UNO 开发板的 5V 接口、GND、数字引脚 5、数字引脚 4，如图 6-17 所示。

图 6-17　连接完成后的 HC-SR04 超声波模块实物图

编写程序时，利用 Arduino 的 pulseIn() 函数读取引脚脉冲的时间长度，其时间单位为 ms，其格式为

```
pulseIn(pin,value);
pulseIn(pin,value,timeout);
```

参数 pin 为要读取脉冲的引脚编号，参数 value 为要读取脉冲的类型，分别为 HIGH 或 LOW，参数 timeout 为超时时间，具体程序见程

序 6-3。

上电后，利用串口监视器显示超声波检测距离，如图 6-18 所示。

【程序 6-3】

```
int TrigPin = 5;                          // 定义触发引脚
int EchoPin = 4;                          // 定义回波引脚
float distance;                           // 以 cm 为单位的距离值

void setup() {
  Serial.begin(9600);
// 初始化串口，波特率为 9600bit/s
  pinMode(TrigPin, OUTPUT);
  pinMode(EchoPin, INPUT);
}

void loop() {
  digitalWrite(TrigPin, LOW);             // 给触发引脚低电平 2μs
  delayMicroseconds(2);
  digitalWrite(TrigPin, HIGH);            // 给触发引脚高电平 10μs
  delayMicroseconds(10);
  digitalWrite(TrigPin, LOW);             // 持续给触发引脚低电平

  distance = pulseIn(EchoPin, HIGH)/58.0;
// 将回波时间换算为距离 cm
  distance = (int(distance * 100.0))/100.0;
// 保留 2 位小数
  Serial.print(distance);
  Serial.print("cm");
  Serial.printIn();
  delay(1000);
}
```

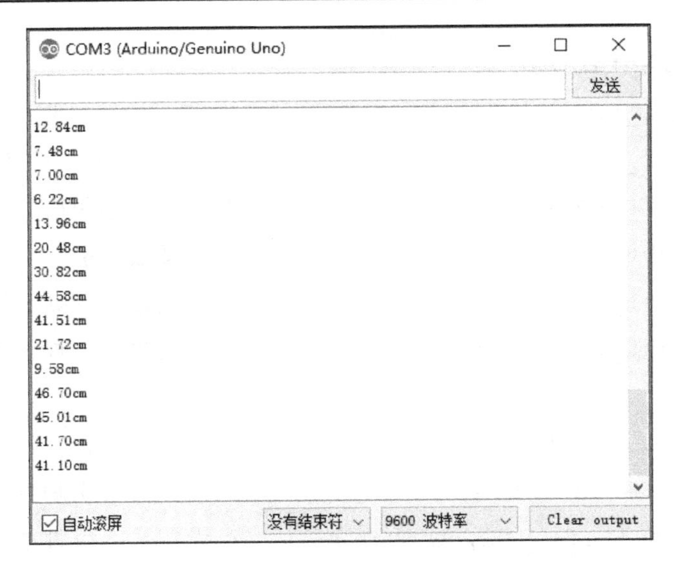


图 6-18　串口监视器显示 HC-SR04 超声波模块的检测距离

2）Arduino 程序

在 6.1 节基于 Arduino 的轮式自走机器人的基础上，加入对舵机和 HC-SR04 超声波模块的控制。设置 HC-SR04 超声波模块的触发引脚 Trig 所连接的模拟引脚 A5 的工作模式为输出模式，回波引脚 Echo 所连接的模拟引脚 A4 的工作模式为输入模式；设置舵机的信号控制端连接数字引脚 11。

使用 if else 语句进行条件判断，以判定 HC-SR04 超声波模块检测的距离与预设值之间的关系，程序具体内容如程序 6-4 所示。

**【程序 6-4】**

```
#include < Servo.h>

Servo myservo;
int TrigPin = A5;          // 设置触发引脚
int EchoPin = A4;          // 设置回波引脚
int Front_Distance = 0;
int Left_Distance = 0;
int Right_Distance = 0;
```

```
int direction = 0;
int Left_ENA = 10;                        // 定义数字引脚 10 连接 ENA
int Left_IN1 = 9;                         // 定义数字引脚 9 连接 IN1
int Left_IN2 = 8;                         // 定义数字引脚 8 连接 IN2
int Right_IN3 = 7;                        // 定义数字引脚 7 连接 IN3
int Right_IN4 = 6;                        // 定义数字引脚 6 连接 IN4
int Right_ENB = 5;                        // 定义数字引脚 5 连接 ENB

void setup() {
  pinMode(Left_ENA, OUTPUT);     // 设置数字引脚 10 为输出模式
  pinMode(Left_IN1, OUTPUT);     // 设置数字引脚 9 为输出模式
  pinMode(Left_IN2, OUTPUT);     // 设置数字引脚 8 为输出模式
  pinMode(Right_IN3, OUTPUT);   // 设置数字引脚 7 为输出模式
  pinMode(Right_IN4, OUTPUT);   // 设置数字引脚 6 为输出模式
  pinMode(Right_ENB, OUTPUT);   // 设置数字引脚 5 为输出模式
  pinMode(TrigPin, OUTPUT);      // 设置数字引脚 A5 为输出模式
  pinMode(EchoPin, INPUT);       // 设置数字引脚 A4 为输入模式
  myservo.attach(11);            // 设置数字引脚 11 为输出模式
}

void front_distance_test() {    // 测量前方障碍物的距离
  myservo.write(90);
  digitalWrite(TrigPin, LOW);  // 给触发引脚低电平 2μs
  delayMicroseconds(2);
  digitalWrite(TrigPin, HIGH); // 给触发引脚高电平 10μs
  delayMicroseconds(10);
  digitalWrite(TrigPin, LOW);  // 持续给触发引脚低电平
  float Fdistance = pulseIn(EchoPin, HIGH) ;
// 读取高电平时间
  Front_Distance = Fdistance / 58;
```

```
}

void left_distance_test() {      // 测量左方障碍物的距离
  myservo.write(135);
  digitalWrite(TrigPin, LOW);    // 给触发引脚低电平 2μs
  delayMicroseconds(2);
  digitalWrite(TrigPin, HIGH);   // 给触发引脚高电平 10μs
  delayMicroseconds(10);
  digitalWrite(TrigPin, LOW);    // 持续给触发引脚低电平
  float Fdistance = pulseIn(EchoPin, HIGH) ;
// 读取高电平时间
  Left_Distance = Fdistance / 58;
}

void right_distance_test() {     // 测量右方障碍物的距离
  myservo.write(45);
  digitalWrite(TrigPin, LOW);    // 给触发引脚低电平 2μs
  delayMicroseconds(2);
  digitalWrite(TrigPin, HIGH);   // 给触发引脚高电平 10μs
  delayMicroseconds(10);
  digitalWrite(TrigPin, LOW);    // 持续给触发引脚低电平
  float Fdistance = pulseIn(EchoPin, HIGH) ;
// 读取高电平时间
  Right_Distance = Fdistance / 58;
}

void forward(int a) {
  analogWrite(Left_ENA, 255);    // 左侧电机全速
  digitalWrite(Left_IN1, LOW);  // 左轮前进
  digitalWrite(Left_IN2, HIGH);
```

```
  analogWrite(Right_ENB, 255);    // 右侧电机全速
  digitalWrite(Right_IN3, LOW);  // 右轮前进
  digitalWrite(Right_IN4, HIGH);
  delay(a * 100);
}

void backward(int b) {
  analogWrite(Left_ENA, 255);    // 左侧电机全速
  digitalWrite(Left_IN1, HIGH);  // 左轮后退
  digitalWrite(Left_IN2, LOW);
  analogWrite(Right_ENB, 255);    // 右侧电机全速
  digitalWrite(Right_IN3, HIGH); // 右轮后退
  digitalWrite(Right_IN4, LOW);
  delay(b * 100);
}

void turnLeft(int c) {
  analogWrite(Left_ENA, 255);    // 左转(左轮不动,右轮转动)
  digitalWrite(Left_IN1, LOW);  // 左轮制动
  digitalWrite(Left_IN2, LOW);
  analogWrite(Right_ENB, 255);  // 右侧电机全速
  digitalWrite(Right_IN3, LOW); // 右轮前进
  digitalWrite(Right_IN4, HIGH);
  analogWrite(Right_IN3, 30);   // PWM 调速
  analogWrite(Right_IN4, 200); // PWM 调速
  delay(c * 100);
}

void turnRight(int d) {
  analogWrite(Left_ENA, 255);  // 右转(右轮不动,左轮转动)
```

```
  digitalWrite(Right_IN3, LOW);   // 右轮制动
  digitalWrite(Right_IN4, LOW);
  analogWrite(Right_ENB, 255);
  digitalWrite(Left_IN1, LOW);    // 左轮前进
  digitalWrite(Left_IN2, HIGH);
  analogWrite(Left_IN1, 30);      // PWM 调速
  analogWrite(Left_IN2, 200);     // PWM 调速
  delay(d * 100);
}

void spin(int e) {
  analogWrite(Left_ENA, 255);     // 原地右转
  digitalWrite(Left_IN1, LOW);    // 左轮前进
  digitalWrite(Left_IN2, HIGH);
  analogWrite(Right_ENB, 255);    // 右轮后退
  digitalWrite(Right_IN3, HIGH);
  digitalWrite(Right_IN4, LOW);
  delay(e * 100);
}

void brake(int f) {
  digitalWrite(Left_IN1, LOW);    // 左轮制动
  digitalWrite(Left_IN2, LOW);
  digitalWrite(Right_IN3, LOW);   // 右轮制动
  digitalWrite(Right_IN4, LOW);
  delay(f * 100);
}

void loop() {
  front_distance_test();
```

```
  if (Front_Distance < 32) {                   // 当遇到障碍物时
    backward(2);                               // 后退停止
    brake(10);
    left_distance_test();                      // 测量左边距障碍物的距离
    delay(200);
    right_distance_test();                     // 测量右边距障碍物的距离
    delay(200);

   if (Left_Distance < 35  && Right_Distance < 35){
// 当左右两边均有障碍物且都很靠近时
    spin(8);                                   // 原地右转掉头
   }
   else if(Left_Distance > Right_Distance){
// 当左边比右边空旷时
     turnLeft(5);                              // 左转,制动
     brake(2);
   }
   else{                                       // 当右边比左边空旷时
    turnRight(5);                              // 右转,制动
      brake(2);
   }
  }
  else {                                       // 当无障碍时,直行
    forward(8);
  }
}
```

## 6.3　基于 Arduino 的红外循迹机器人

本节将制作一个能在白色地板上沿着预设的黑线行进的基于 Arduino

的红外循迹机器人。基于 Arduino 的循迹机器人通常依据从白色地板和黑线上反射回来的红外光的强弱来确定黑线的位置和小车的行进方式，其中主要涉及 TCRT5000 红外循迹模块的使用。

## 6.3.1　工作原理

### 1. 基于 Arduino 的红外循迹机器人结构

基于 Arduino 的红外循迹机器人的控制系统由 Arduino UNO 开发板作为核心控制模块，在机器人沿设定好的路线行进的过程中，通过 TCRT5000 红外循迹模块不断地向地面发射红外光，机器人根据反射回来的红外光的强弱实时判定设定好的路线位置和机器人的行走路径，如果机器人沿着设定好的路线行进，绿色 LED 亮，如果机器人偏离设定好的路线，红色 LED 亮，蜂鸣器鸣响。L298N 电机驱动模块控制两个直流电机，直流电机带动小车的轮子转动，以实现基于 Arduino 的红外循迹机器人的前进、左转和右转，基于 Arduino 的红外循迹机器人结构如图 6-19 所示。

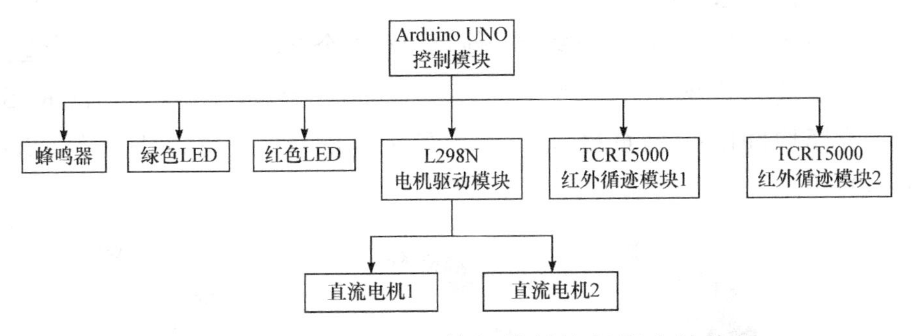


图 6-19　基于 Arduino 的红外循迹机器人结构图

### 2. TCRT5000 红外循迹模块原理

TCRT5000 红外循迹模块是一种反射型的红外传感器，由红外发射管、红外接收管及整形放大电路构成，其工作电压是 3.3～5V，检测反射距离为 1～55mm，如图 6-20 所示。TCRT5000 红外循迹模块共有四个引脚：GND、VCC、D0 和 A0，分别连接 Arduino UNO 开发板的 GND、5V 接口、数字引脚和模拟引脚。

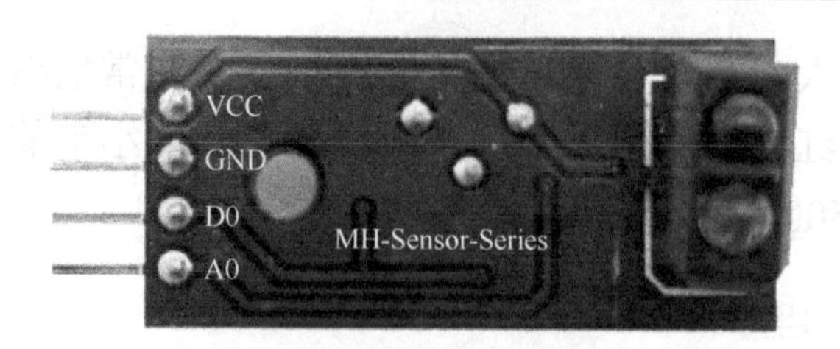


图 6-20　TCRT5000 红外循迹模块

TCRT5000 红外循迹模块从红外发射管发射红外光，当 TCRT5000 模块前有障碍物时，红外光会被反射回来，并被红外接收管接收，TCRT5000 模块将反射信号转化为电压信号，Arduino UNO 开发板的模拟信号输入端可以测量 TCRT5000 红外循迹模块红外接收管的电压，从而判断前方是否有障碍物。同时，TCRT5000 红外循迹模块的红外发射管和红外接收管受环境光的干扰较大，TCRT5000 红外循迹模块越靠近反射面，检测效果就越好。

此外，红外光在不同颜色的物体表面具有不同的反射强度，如果障碍物是黑色物体，红外光被吸收，红外接收管无法接收到反射信号。因此，通常用白色 KT 板作为机器人的运动平台，用 1.6～1.9cm 宽的黑色电工胶带作为机器人的引导轨道，使用 2～5 个 TCRT5000 红外循迹模块便可达到循迹行走的目的，为了提高引导轨道转弯处的精度，TCRT5000 红外循迹模块间的排列宽度需大于胶带宽度的 1/2，通常为 1.5～2cm，如图 6-21 所示。

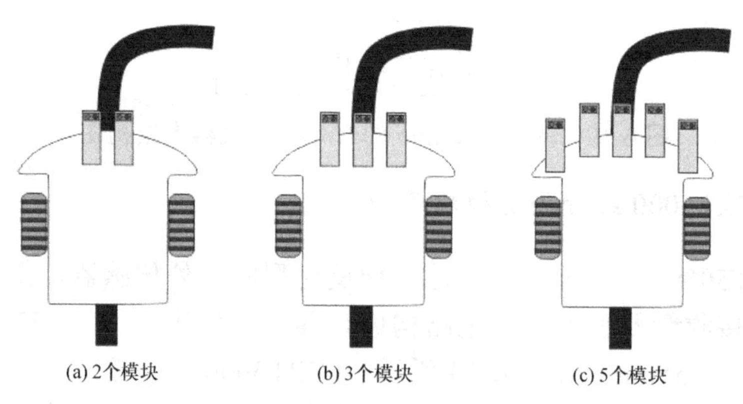


图 6-21　不同数目的 TCRT5000 红外循迹模块

## 6.3.2　软、硬件分析

1. 系统连接

左、右两个 TCRT5000 红外循迹模块的 D0 引脚分别连接到 Arduino UNO 开发板的数字引脚 3 和数字引脚 2。红色和绿色 LED 的电源 VCC 和接地 GND 接 Arduino UNO 开发板的电源和接地端。红色和绿色 LED 的信号端分别接 Arduino UNO 开发板的数字引脚 11 和数字引脚 12，蜂鸣器的正极连接 Arduino UNO 开发板的模拟引脚 A1，蜂鸣器的负极连接 Arduino UNO 开发板的接地端。L298N 电机驱动模块的 IN1、IN2、IN3、IN4 分别连接 Arduino UNO 开发板的数字引脚 9、8、7、6，ENA 连接数字引脚 10，ENB 连接数字引脚 5，电路连接图如图 6-22 所示，实物图如图 6-23 所示。

2. 流程图

基于 Arduino 的红外循迹机器人沿着黑线轨道行进时，左、右两个 TCRT5000 红外循迹模块同时发射红外光探测黑线，如果机器人在黑线轨道上，同时两个 TCRT5000 红外循迹模块没有压着黑线，机器人前进；如果左侧 TCRT5000 红外循迹模块压在黑线上，机器人向右偏离轨道，要向左转；如果右侧 TCRT5000 红外循迹模块压在黑线上，机器人向左偏离轨道，要向右转；否则机器人停止行进，重新进行探测，系统流程图如图 6-24 所示。

3. 程序设计

当 TCRT5000 红外循迹模块压在黑线上时，没有接收到信号(数值为 1)，当模块在白色地板区域时，接收到信号(数值为 0)。在程序中使用 if 的分支结构，根据 IRValue_L 和 IRValue_R 的数值，分别判断机器人的运行状态，并给出相应的左转、右转、停止指令，程序具体内容如程序 6-5 所示。

图6-22 彩图

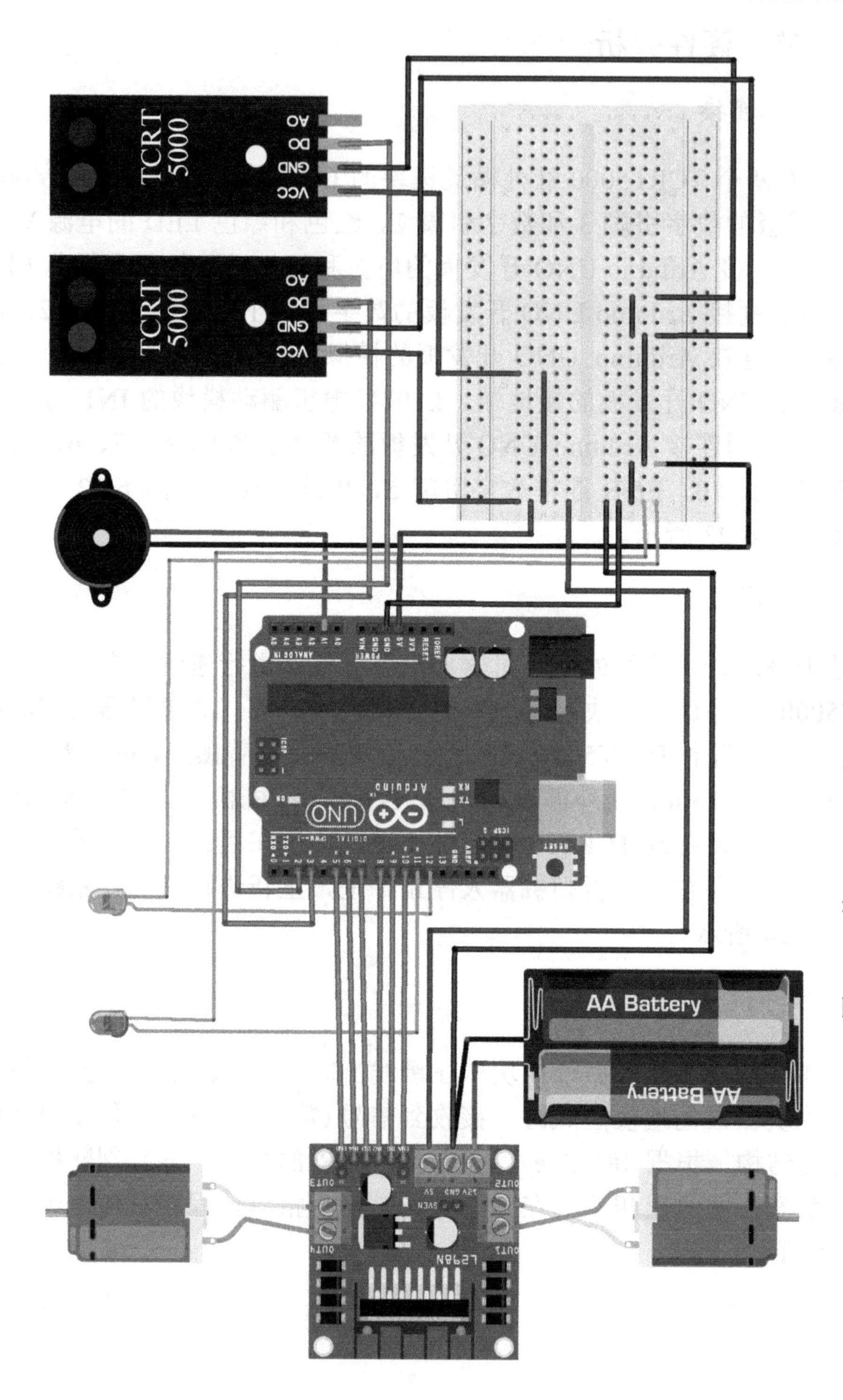


图6-22　基于Arduino的红外循迹机器人的电路连接图

图6-23 彩图

图 6-23　连接完成后的基于 Arduino 的红外循迹机器人实物图

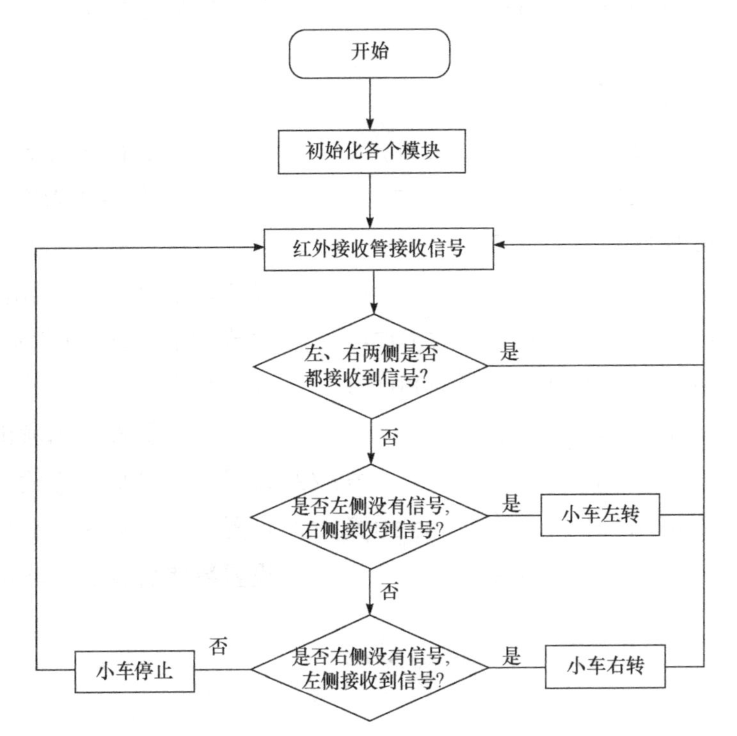


图 6-24　基于 Arduino 的红外循迹机器人流程图

【程序 6-5】

```
int IR_Left = 3;
// 定义数字引脚 3 连接左 TCRT5000 红外循迹传感器
int IR_Right = 2;
// 定义数字引脚 2 连接右 TCRT5000 红外循迹传感器
int RedLED = 11;                    // 定义数字引脚 11 连接红色 LED

int GreenLED = 12;                  // 定义数字引脚 12 连接绿色 LED
int SPEAKER = A1;                   // 定义模拟引脚 A1 连接蜂鸣器
int Left_ENA = 10;                  // 定义数字引脚 10 连接 ENA
int Left_IN1 = 9;                   // 定义数字引脚 9 连接 IN1
int Left_IN2 = 8;                   // 定义数字引脚 8 连接 IN2
int Right_IN3 = 7;                  // 定义数字引脚 7 连接 IN3
int Right_IN4 = 6;                  // 定义数字引脚 6 连接 IN4
int Right_ENB = 5;                  // 定义数字引脚 5 连接 ENB

void setup() {
  pinMode(IR_Left, INPUT);    // 设置数字引脚 3 为输入模式
  pinMode(IR_Right, INPUT);   // 设置数字引脚 2 为输入模式
  pinMode(RedLED, OUTPUT);    // 设置数字引脚 11 为输出模式
  pinMode(GreenLED, OUTPUT); // 设置数字引脚 12 为输出模式
  pinMode(Left_ENA, OUTPUT); // 设置数字引脚 10 为输出模式
  pinMode(Left_IN1, OUTPUT); // 设置数字引脚 9 为输出模式
  pinMode(Left_IN2, OUTPUT); // 设置数字引脚 8 为输出模式
  pinMode(Right_IN3, OUTPUT);// 设置数字引脚 7 为输出模式
  pinMode(Right_IN4, OUTPUT);// 设置数字引脚 6 为输出模式
  pinMode(Right_ENB, OUTPUT);// 设置数字引脚 5 为输出模式
}

void loop() {
```

```
  int IRValue_L = digitalRead(IR_Left);
  int IRValue_R = digitalRead(IR_Right);
  if ((IRValue_L == 0) && ( IRValue_R == 0)) {
// 左、右两个传感器均没有压在黑线上
    forward();                              // 小车前进
  }
  else if ((IRValue_L == 1) && ( IRValue_R == 0)){
// 左侧传感器压在黑线上，右侧传感器在白色地板上
     while (digitalRead(IR_Left)) {
// 小车向右偏离轨道，要向左转
       turnLeft();
       delay(5);
     }
  }
  else if ((IRValue_L == 0) && ( IRValue_R == 1)){
// 右侧传感器压在黑线上，左侧传感器在白色地板上
     while (digitalRead(IR_Right)) {
// 小车向左偏离轨道，向右转
       turnRight();
       delay(5);
     }


  }
  else{                                    // 否则，停止
  brake();

  }
}
void forward() {
  analogWrite(Left_ENA, 127);             // 左侧电机半速
```

```
  digitalWrite(Left_IN1, LOW);      // 左轮前进
  digitalWrite(Left_IN2, HIGH);
  analogWrite(Right_ENB, 127);      // 右侧电机半速
  digitalWrite(Right_IN3, LOW);     // 右轮前进
  digitalWrite(Right_IN4, HIGH);
  digitalWrite(RedLED, LOW);        // 红色 LED 灭
  digitalWrite(GreenLED, HIGH );    // 绿色 LED 亮
  noTone(SPEAKER);                  // 蜂鸣器不发声
}

void turnLeft() {                   // 左转(左轮不动,右轮转动)
  analogWrite(Left_ENA, 127);       // 左侧电机半速
  digitalWrite(Left_IN1, LOW);      // 左轮制动
  digitalWrite(Left_IN2, LOW);
  analogWrite(Right_ENB, 127);      // 右侧电机半速
  digitalWrite(Right_IN3, LOW);     // 右轮前进
  digitalWrite(Right_IN4, HIGH);
  digitalWrite(RedLED, HIGH);       // 红色 LED 亮
  digitalWrite(GreenLED, LOW);      // 绿色 LED 灭
  tone(SPEAKER, 2000);              // 蜂鸣器鸣响
  delay(5);

}
void turnRight() {                  // 右转(右轮不动,左轮转动)
  analogWrite(Left_ENA, 127);       // 左侧电机半速
  digitalWrite(Left_IN1, LOW);      // 左轮前进
  digitalWrite(Left_IN2, HIGH);
  analogWrite(Right_ENB, 127);      // 右侧电机半速
  digitalWrite(Right_IN3, LOW);     // 右轮制动
  digitalWrite(Right_IN4, LOW);
```

```
  digitalWrite(RedLED, HIGH);   // 红色 LED 亮
  digitalWrite(GreenLED, LOW); // 绿色 LED 灭
  tone(SPEAKER, 2000);          // 蜂鸣器鸣响
  delay(5);
}
void brake() {                  // 停止
  digitalWrite(Left_IN1, LOW); // 左轮制动
  digitalWrite(Left_IN2, LOW);
  digitalWrite(Right_IN3, LOW);// 右轮制动
  digitalWrite(Right_IN4, LOW);
  digitalWrite(RedLED, HIGH);   // 红色 LED 亮
  digitalWrite(GreenLED, LOW); // 绿色 LED 灭
  tone(SPEAKER, 2000);          // 蜂鸣器鸣响
}
```

# 6.4　基于 Arduino 的红外遥控机器人

本节将制作一个能通过遥控器远程控制的轮式移动机器人，进而了解 Arduino 的无线通信，并掌握 HX1838 红外接收模块的使用及 Arduino 红外通信所需的 IRremote 函数库。

## 6.4.1　工作原理

1. 基于 Arduino 的红外遥控机器人结构

基于 Arduino 的红外遥控机器人主要由 Arduino UNO 控制模块、HX1838 红外接收模块、L298N 电机驱动模块、红色 LED 和绿色 LED 构成。当按下红外遥控器的按键后，随即发出遥控码，所按的键不同，其遥控码也不同。当 HX1838 红外接收模块接收到遥控码后，进行解码并与预存键码比对，识别后机器人执行键码对应的程序，基于 Arduino 的红外遥控机器人结构如图 6-25 所示。

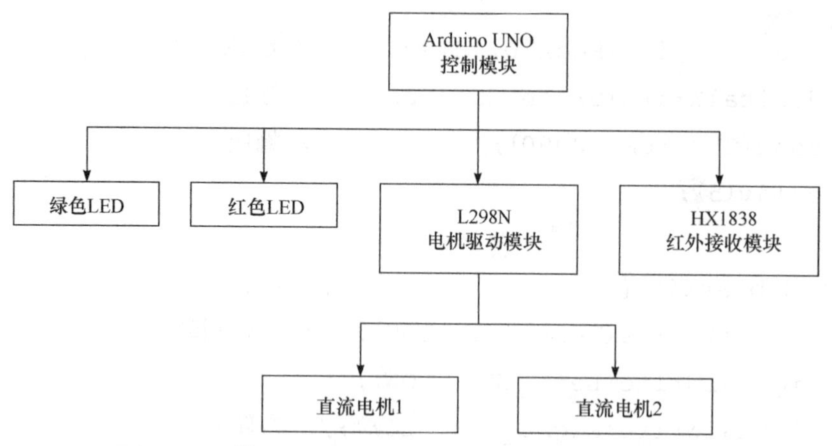


图 6-25　基于 Arduino 的红外遥控机器人结构图

2. 红外遥控原理

红外遥控是一种使用广泛的通信和遥控手段，红外遥控系统通常包括红外发射和红外接收两部分。红外发射部分包括键盘矩阵、编码调制、LED 红外发送器。由于红外遥控具有体积小、功耗低、功率强、成本低等特点，因此日常家电上多采用红外遥控实现控制功能。常用的红外遥控器如图 6-26 所示。此外，在具有高压、辐射、粉尘的工业环境中，采用红外遥控不仅完全可靠，还能有效隔离电气干扰[15]。

红外接收部分包括光电转换放大器、解调电路、解码电路。例如，HX1838 红外接收模块是一种集成红外线接收和放大信号的红外接收模块，如图 6-27 所示，HX1838 红外接收模块具有三个引脚：信号输出 VO、电源 VCC、接地 GND。

图 6-26　两种红外遥控器

图 6-27　HX1838 红外接收模块

## 6.4.2　软、硬件分析

1. 系统连接

HX1838 红外接收模块的红外接收 VO、电源 VCC、接地 GND 分别连接 Arduino UNO 的数字引脚 12、5V 接口和 GND。红色和绿色 LED 的信号端分别接 Arduino UNO 开发板的数字引脚 3 和数字引脚 11。L298N 电机驱动模块与 Arduino UNO 的连接方式与基于 Arduino 的红外循迹机器人一致，电路连接图如图 6-28 所示，实物图如图 6-29 所示。

2. 流程图

上电后首先对 Arduino UNO 的数字引脚和 HX1838 红外接收模块进行初始化，初始化完成后，HX1838 红外接收模块开始接收红外信号，当筛选到相应的指令时，Arduino UNO 载入相应的控制函数，控制机器人的前进、后退、左转、右转以及停止。根据上述分析，流程图如图 6-30 所示。

3. 程序设计

1）显示红外遥控器按键的编码

使用红外遥控时，需先将每个按键编码成指令，然后当红外接收器接收到信号时，会解析编码，并按不同按键指令执行相应的功能。电路连接图如图 6-31 所示，HX1838 红外接收模块的红外接收引脚连接 Arduino UNO 的数字引脚 11，电源 VCC、接地 GND 分别连接 5V 接口和 GND，实物图如图 6-32 所示。

IRremote 函数库可用于接收红外信号并对其解码。首先利用 Arduino IDE 中自带的 IRremote 示例获得按键编码，然后即可通过 Arduino IDE 串口监视器查看按键代码，具体程序如程序 6-6 所示，其中所用到的函数有 IRrecv irrecv()、enableIRIn()、decode() 和 resume()。

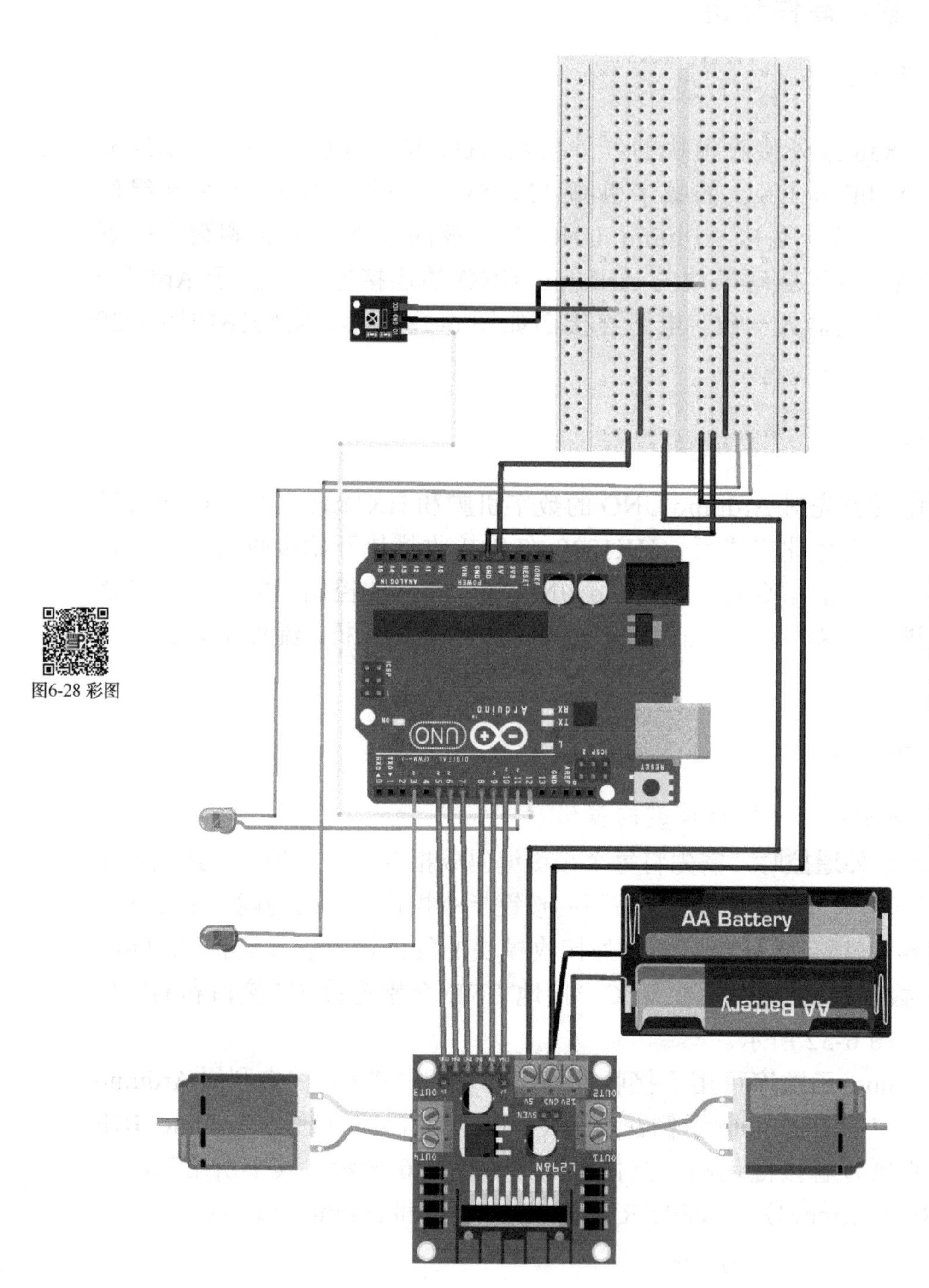


图6-28 彩图

图 6-28　基于Arduino的红外遥控机器人的电路连接图

图6-29 彩图

图 6-29　连接完成后的基于 Arduino 的红外遥控机器人实物图

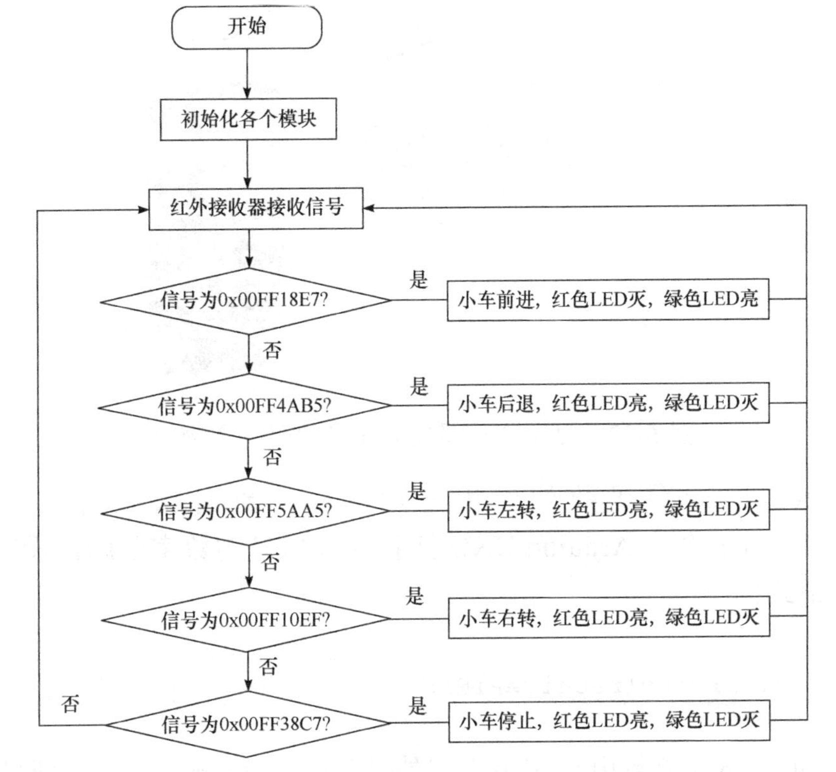


图 6-30　基于 Arduino 的红外遥控机器人流程图

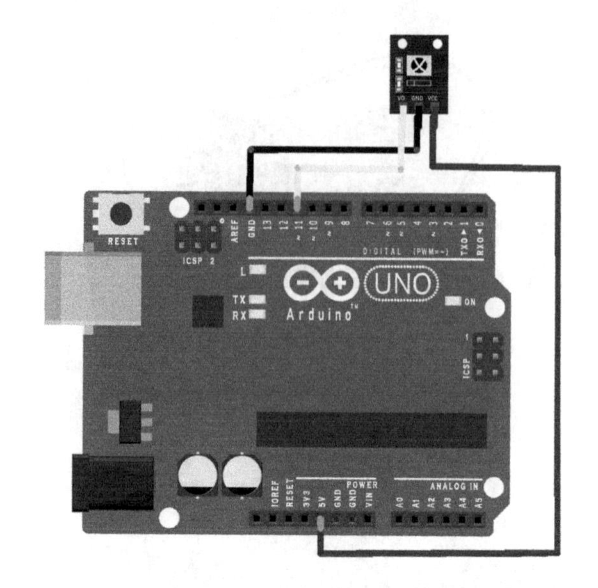


图 6-31　显示红外遥控器按键编码的电路连接图

图 6-32　显示红外遥控器按键编码的实物图

IRrecv irrecv()函数的作用是创建一个红外接收对象，参数 receivePIN 用于设置 Arduino UNO 接收红外信号的数字引脚，没有返回值，其格式如下：

```
IRrecv irrecv(receivePIN);
```

enableIRIn()函数用于初始化红外接收器，没有输入值和返回值，红外接收器启动后，定时器每 50ms 中断一次，用于检测红外信号的接收，其格式如下：

```
irrecv.enableIRIn();
```

decode()函数的作用是接收并解码红外信号，如果接收到红外信号，返回 true，将信号解码后再存储在 results 变量中，如果没有接收到红外信号，返回 false，其格式如下：

```
irrecv.decode(&results);
```

resume()函数用于重置 IR 接收器，以便接收下一个红外信号，其格式如下：

```
irrecv.resume();
```

所获得的红外遥控器的按键代码如表 6-2 所示。

**表 6-2　红外遥控器的按键代码**

| 原始按键 | 按键代码 |
|---|---|
| 按键上　(▲) | FF18E7 |
| 按键下　(▼) | FF4AB5 |
| 按键左　(◀) | FF10EF |
| 按键右　(▶) | FF5AA5 |
| 按键 OK (OK) | FF38C7 |

**【程序 6-6】**

```
#include <IRremote.h>        // 调用红外遥控器所需要的函数库
int RECV_PIN = 11;           // 定义数字引脚 11 连接红外接收引脚
```

```
IRrecv irrecv(RECV_PIN);    // 创建红外线接收对象
decode_results results;

void setup()
{
  Serial.begin(9600);
  irrecv.enableIRIn();       // 初始化红外接收器
}

void loop() {
  if (irrecv.decode(&results)) {
    Serial.printIn(results.value, HEX);
// 以十六进制换行输出接收代码
    irrecv.resume();          // 接收下一个值
  }
}
```

2）Arduino 程序

红外接收器和 L298N 电机驱动模块都要在 setup 部分完成。将机器人的前进、后退、左转、右转和停止分别写成函数模块。loop 部分循环读取红外遥控器发送的信号，并载入相应的函数，具体程序见程序 6-7。

**【程序 6-7】**

```
#include <IRremote.h>         // 调用红外遥控器所需要的函数库
int RECV_PIN = 12;            // 定义数字引脚 12 连接红外接收引脚
int red_LED_PIN = 3;          // 定义数字引脚 3 连接红色 LED
int green_LED_PIN = 11;       // 定义数字引脚 11 连接绿色 LED
int Left_ENA = 10;            // 定义数字引脚 10 连接 ENA
int Left_IN1 = 9;             // 定义数字引脚 9 连接 IN1
int Left_IN2 = 8;             // 定义数字引脚 8 连接 IN2
int Right_IN3 = 7;            // 定义数字引脚 7 连接 IN3
```

```
int Right_IN4 = 6;                    // 定义数字引脚 6 连接 IN4
int Right_ENB = 5;                    // 定义数字引脚 5 连接 ENB
IRrecv irrecv(RECV_PIN);
decode_results results;               // 结构声明
int on = 0;                           // 标志位
unsigned long last = millis();
long forward_car = 0x00FF18E7;    // 按键上
long back_car = 0x00FF4AB5;       // 按键下
long turnLeft_car = 0x00FF5AA5; // 按键左
long turnRight_car = 0x00FF10EF;// 按键右
long brake_car = 0x00FF38C7;     // 按键 OK

void setup()
{
  Serial.begin(9600);
  irrecv.enableIRIn();                // 初始化红外接收器
  pinMode(red_LED_PIN, OUTPUT); // 设置数字引脚 3 为输出模式
  pinMode(green_LED_PIN, OUTPUT);// 设置数字引脚 11 为输出模式
  pinMode(Left_ENA, OUTPUT);     // 设置数字引脚 10 为输出模式
  pinMode(Left_IN1, OUTPUT);     // 设置数字引脚 9 为输出模式
  pinMode(Left_IN2, OUTPUT);     // 设置数字引脚 8 为输出模式
  pinMode(Right_IN3, OUTPUT);   // 设置数字引脚 7 为输出模式
  pinMode(Right_IN4, OUTPUT);   // 设置数字引脚 6 为输出模式
  pinMode(Right_ENB, OUTPUT);   // 设置数字引脚 5 为输出模式
}

void loop() {
  if (irrecv.decode(&results)) {          // 调用库函数，解码
    if (results.value == forward_car) {// 按键上
      forward();                           // 前进
```

```
    }
    else if (results.value == back_car){     // 按键下
      back();                                // 后退
    }
    else if (results.value == turnLeft_car){
                                             // 按键左
      turnLeft();                            // 向左转
    }
    else if (results.value == turnRight_car) {
                                             //按键右
      turnRight() ;                          // 向右转
    }
    else if (results.value == brake_car) {// 按键 OK
      brake() ;                              // 制动
    }
    irrecv.resume();                         // 接收下一个值
  }
}

void forward() {                             // 前进
  analogWrite(Left_ENA, 127);                // 左侧电机半速
  digitalWrite(Left_IN1, LOW);               // 左轮前进
  digitalWrite(Left_IN2, HIGH);
  analogWrite(Right_ENB, 127);               // 右侧电机半速
  digitalWrite(Right_IN3, LOW);              // 右轮前进
  digitalWrite(Right_IN4, HIGH);
  digitalWrite(red_LED_PIN, LOW);            // 红色 LED 灭
  digitalWrite(green_LED_PIN, HIGH);         //绿色 LED 亮
}
void back() {                                // 后退
```

```
  analogWrite(Left_ENA, 127);              // 左侧电机半速
  digitalWrite(Left_IN1, HIGH);            // 左轮后退
  digitalWrite(Left_IN2, LOW);
  analogWrite(Right_ENB, 127);             // 右侧电机半速
  digitalWrite(Right_IN3, HIGH);           // 右轮后退
  digitalWrite(Right_IN4, LOW);
  digitalWrite(red_LED_PIN, HIGH);         // 红色 LED 亮
  digitalWrite(green_LED_PIN, LOW );       // 绿色 LED 灭
}
void turnLeft() {                          // 左转
  analogWrite(Left_ENA, 127);              // 左侧电机半速
  digitalWrite(Left_IN1, LOW);             // 左轮制动
  digitalWrite(Left_IN2, LOW);
  analogWrite(Right_ENB, 127);             // 右侧电机半速
  digitalWrite(Right_IN3, LOW);            // 右轮前进
  digitalWrite(Right_IN4, HIGH);
  digitalWrite(red_LED_PIN, HIGH);         // 红色 LED 亮
  digitalWrite(green_LED_PIN, LOW);        // 绿色 LED 灭
}
void turnRight() {                         // 右转
  analogWrite(Left_ENA, 127);              // 左侧电机半速
  digitalWrite(Left_IN1, LOW);             // 左轮前进
  digitalWrite(Left_IN2, HIGH);
  analogWrite(Right_ENB, 127);             // 右侧电机半速
  digitalWrite(Right_IN3, LOW);            // 右轮制动
  digitalWrite(Right_IN4, LOW);
  digitalWrite(red_LED_PIN, HIGH);         // 红色 LED 亮
  digitalWrite(green_LED_PIN, LOW);        // 绿色 LED 灭
}
void brake() {                             // 停止
```

```
  digitalWrite(Left_IN1, LOW);     // 左轮制动
  digitalWrite(Left_IN2, LOW);
  digitalWrite(Right_IN3, LOW);    // 右轮制动
  digitalWrite(Right_IN4, LOW);
  digitalWrite(red_LED_PIN, HIGH); // 红色 LED 亮
  digitalWrite(green_LED_PIN, LOW);// 绿色 LED 灭
}
```

# 参 考 文 献


[1] 郭卫东. 机械原理[M]. 2 版. 北京: 科学出版社, 2013: 6.

[2] 隋冬杰, 谢亚青. 机械基础[M]. 上海: 复旦大学出版社, 2010: 44.

[3] 郭卫东. 机械原理实验教程[M]. 北京: 科学出版社, 2014: 19.

[4] 阮宝湘. 工业设计机械基础[M]. 3 版. 北京: 机械工业出版社, 2016: 205.

[5] 廖波, 尚建忠, ERNEST A, 等. 基于 Sarrus 结构的 5 自由度拟人手臂运动学研究[J]. 机械工程学报, 2013, 49(3): 18-23.

[6] 黄荣舟, 李炳川, 陈果, 等. 轮腿式移动机器人的设计与研究[J]. 机械, 2015, 42(8): 44-49.

[7] 郝雪弟, 潘越, 张晞. 《机械系统设计》课程内涵与教学的探讨[J]. 河北工程大学学报(社会科学版), 2013, 30(1): 87-90.

[8] 张春林, 李志香, 赵自强. 机械创新设计[M]. 3 版. 北京: 机械工业出版社, 2016: 162-165.

[9] 宗望远, 王巧华. 浅论现代机械系统设计[J]. 装备维修技术, 2002(3): 16-19.

[10] 王晓屏, 宋海涛, 包秀丽. 机械系统的构成及设计原则[J]. 农机化研究, 2002, 24(3): 211.

[11] 陈吕洲. Arduino 程序设计基础[M]. 2 版. 北京: 北京航空航天大学出版社, 2015: 5.

[12] 黄明吉, 陈平. Arduino 基础与应用[M]. 北京: 北京航空航天大学出版社, 2019: 28-30.

[13] 王俊, 张玉玺, 刘寒颖. 单片机基础与 Arduino 应用[M]. 北京: 电子工业出版社, 2017: 160-161.

[14] 谭民, 王硕. 机器人技术研究进展[J]. 自动化学报, 2013, 39(7): 963-965.

[15] 李永华, 王思野. Arduino 软硬件协同设计实战指南[M]. 2 版. 北京: 清华大学出版社, 2018: 193-194.

# 附　录

## 附录 1　青少年机器人技术等级评价指南[①]

《青少年机器人技术等级评价指南》是由中国电子学会普及工作委员会研究制定的，是适用于考评青少年的机器人综合技术素养和指导青少年科技教育与科普的中国电子学会团体标准。

青少年机器人技术等级分为一级至八级共八个等级，标准中每个等级对应的能力描述如附表 1 所示，每个等级相应的核心知识点和对知识点的掌握程度如附表 2 所示。

**附表 1　青少年机器人技术等级能力描述**

| 等级 | 能力要求 | 能力描述 |
|---|---|---|
| 一级 | 机器人基本结构认知和搭设能力 | 能够合理使用三角形、杠杆、齿轮、滑轮等搭设简单无动力结构，具备基本结构搭设能力 |
| 二级 | 机器人驱动与传动系统认知和搭设能力 | 能够合理使用直流电机、棘轮机构、连杆机构、凸轮机构等搭设动力驱动结构，具备复杂结构搭设能力 |
| 三级 | 机器人基础控制能力 | 基于图形化编程平台，应用顺序、循环、选择三种基本结构，通过编程实现简单交互装置，实现简单软硬部件协同，具备基础控制能力 |
| 四级 | 机器人自动控制能力 | 基于 C/C++代码编程，通过编程实现传感器数据读取、控制执行器运动，实现较复杂软硬部件协同，具备控制能力 |
| 五级 | 机器人通信交互能力 | 在四级基础上，通过编程实现中断控制、数据位读写操作、串口通信，具备基本的数据交互能力 |
| 六级 | 机器人物联网控制能力 | 在五级基础上，通过编程利用 IIC 和 SPI 进行串行通信，并掌握 Wi-Fi 连接控制和通过 Web 服务器进行数据交互，具备较完备的软硬协同闭环控制能力 |

① 附录 1 青少年机器人技术等级评价指南由中国电子学会科普培训与应用推广中心杨晋提供。

续表

| 等级 | 能力要求 | 能力描述 |
| --- | --- | --- |
| 七级 | 机器人智能处理能力基础 | 基于 Python 语言编程，掌握基本数据结构及路径规划算法，掌握通过 OpenCV 进行图像处理，具备机器人智能信息处理的基础能力 |
| 八级 | 机器人智能处理能力 | 基于 ROS 平台，实现机器人图像识别、语音交互、自主导航避障，具备机器人智能信息处理能力和系统工程思维 |

## 附表 2　核心知识点及知识点掌握程度要求(知识点排序不分先后)

| | 编号 | 知识点名称 | 知识点掌握程度要求 |
| --- | --- | --- | --- |
| 一级标准知识点 | 1 | 机器人常识 | 了解主流的机器人影视作品及机器人形象 |
| | 2 | 重心 | 理解重心的概念 |
| | 3 | 楔和螺纹 | 理解楔和螺纹的基本特性 |
| | 4 | 结构稳定性 | 掌握稳定结构和不稳定结构的特性 |
| | 5 | 杠杆 | 理解杠杆原理五要素，掌握省力杠杆和费力杠杆 |
| | 6 | 齿轮 | 了解齿轮的种类，理解齿轮传动的特性，掌握齿轮传动比的计算 |
| | 7 | 滑轮 | 理解动滑轮、定滑轮、滑轮组的基本特性 |
| | 8 | 链传动 | 理解链传动的基本特性 |
| 二级标准知识点 | 1 | 机器人常识 | 了解中国及世界机器人领域的重要历史事件及重要的科学家 |
| | 2 | 直流电机 | 了解直流电机的基本工作原理，掌握通过电池盒控制直流电机完成旋转、往复动作 |
| | 3 | 伯努利定理 | 了解伯努利定理在现实生活示例中的基本工作原理 |
| | 4 | 摩擦力 | 理解摩擦力的分类及摩擦力产生的基本条件 |
| | 5 | 前驱和后驱 | 理解前驱和后驱的基本特性 |
| | 6 | 棘轮机构 | 理解棘轮机构的基本工作原理，掌握结构中棘轮机构的合理应用 |
| | 7 | 曲柄机构 | 理解曲柄机构的基本工作原理，掌握结构中曲柄机构的合理应用 |

续表

| | 编号 | 知识点名称 | 知识点掌握程度要求 |
|---|---|---|---|
| 二级标准知识点 | 8 | 皮带传动 | 理解皮带传动的基本工作原理，掌握结构中皮带传动的合理应用 |
| | 9 | 凸轮机构 | 理解凸轮机构的基本工作原理，掌握结构中凸轮机构的合理应用 |
| | 10 | 间歇运动机构 | 理解间歇运动机构的基本工作原理，掌握结构中间歇运动机构的合理应用 |
| 三级标准知识点 | 1 | 机器人常识 | 了解机器人领域的相关理论、相关人物及前沿科技时事 |
| | 2 | 主控板 | 了解开源主控板的基本性能 |
| | 3 | 基本电路 | 理解串联电路、并联电路的基本特性，掌握串联电路、并联电路的搭设 |
| | 4 | 导电材料 | 了解导体、半导体、绝缘体的基本特性及常用分类 |
| | 5 | 欧姆定律 | 理解电流、电压、电阻的概念及三者间的相互关系 |
| | 6 | 图形化编程平台使用 | 掌握图形化编程平台的使用，能够进行程序的编写、调试、上传 |
| | 7 | 信息处理基本流程 | 理解“输入、处理、输出”信息处理的基本流程，掌握通过图形化编程实现简单交互程序的编写 |
| | 8 | 基本编程技能 | 图形化编程环境下，掌握程序设计的顺序、选择、循环三种基本结构，变量的定义，以及算术运算符、关系运算符、逻辑运算符的使用 |
| | 9 | 数字信号 | 理解数字信号的基本概念，掌握图形化编程环境下数字信号的读写操作 |
| | 10 | 模拟信号 | 理解模拟信号的基本概念，掌握图形化编程环境下模拟信号的读写操作 |
| | 11 | 流程图 | 掌握程序流程图的绘制 |
| | 12 | 分立器件 | 了解 LED、按键开关、光敏电阻、电位器等常见分立器件的基本工作原理，掌握通过图形化编程实现数据的读写操作 |
| | 13 | 传感器模块 | 了解超声波传感器、红外遥控传感器的基本工作原理，掌握通过图形化编程实现数据的读取操作 |
| | 14 | 执行器模块 | 了解舵机的基本工作原理，掌握通过图形化编程实现数据的写入操作 |

续表

| | 编号 | 知识点名称 | 知识点掌握程度要求 |
|---|---|---|---|
| 四级标准知识点 | 1 | 机器人常识 | 了解机器人领域的相关理论、相关人物及前沿科技时事 |
| | 2 | 主控板 | 理解开源主控板的基本性能 |
| | 3 | 数制 | 掌握数值在二进制、十进制和十六进制之间的转换 |
| | 4 | 基本编程技能 | 采用代码编程，掌握程序设计的顺序、选择、循环三种基本结构，变量的定义，变量的作用域，以及算术运算符、关系运算符、逻辑运算符的使用 |
| | 5 | 数字信号 | 掌握数字信号的基本概念，掌握高低电平、上拉电阻电路、下拉电阻电路的基本概念，掌握采用代码编程实现数字信号的读写操作 |
| | 6 | 模拟信号 | 掌握模数转换的基本原理，掌握 PWM 模拟输出的基本原理，掌握采用代码编程实现模拟信号的读写操作 |
| | 7 | 类库 | 理解类库的概念，掌握类库的安装及类库成员函数的调用 |
| | 8 | 传感器模块 | 理解灰度传感器、按键模块、触碰传感器、超声波传感器、红外遥控传感器的基本工作原理，掌握通过代码编程实现数据的读取操作 |
| | 9 | 执行器模块 | 理解舵机、直流电机驱动模块的基本工作原理，掌握通过代码编程实现对执行器的运动控制 |
| | 10 | 三极管 | 了解三极管的基本特性，掌握通过代码编程用三极管控制电路通断 |
| | 11 | 机器人控制 | 理解开环控制和闭环控制的基本概念，掌握简单开环和闭环机器人的制作 |
| 五级标准知识点 | 1 | 机器人常识 | 了解机器人、微控制器领域的相关理论、相关人物及前沿科技时事 |
| | 2 | 主控板 | 理解物联主控板的基本性能，掌握利用物联主控板进行数字信号、模拟信号的读写操作 |
| | 3 | 中断 | 理解中断的运行机理，掌握中断回调函数的使用 |
| | 4 | 数组 | 掌握一维数组、二维数组的应用 |
| | 5 | 位操作 | 掌握数据位的操作 |
| | 6 | UART 串行通信 | 理解 UART 串行通信的基本工作原理，理解报文的含义和组成，掌握利用串口 Serial 类库进行串口数据的读写操作 |

续表

| | 编号 | 知识点名称 | 知识点掌握程度要求 |
|---|---|---|---|
| 五级标准知识点 | 7 | 字符串 | 掌握利用字符串 String 类库对字符串进行解析处理 |
| | 8 | 按键消抖 | 掌握通过软件实现按键消抖 |
| | 9 | 移位寄存器芯片 | 理解移位寄存器芯片 74HC595 的基本工作原理，掌握通过移位寄存器芯片 74HC595 进行一位数码管、四位数码管、8×8 点阵的显示控制 |
| | 10 | EEPROM | 理解 EEPROM 的基本工作原理，掌握利用 EEPROM 类库进行数据的读写操作 |
| | 11 | 蓝牙通信 | 理解经典蓝牙通信的基本工作原理，掌握通过蓝牙进行数据的接收、发送 |
| 六级标准知识点 | 1 | 机器人常识 | 了解机器人、微控制器领域的相关理论、相关人物及前沿科技时事 |
| | 2 | IIC 串行通信 | 理解 IIC 串行通信的基本工作原理，掌握通过类库进行数据交互 |
| | 3 | SPI 串行通信 | 理解 SPI 串行通信的基本工作原理，掌握通过类库进行数据交互 |
| | 4 | 姿态传感器 | 理解姿态传感器 MPU6050 的基本工作原理，掌握通过类库进行数据交互 |
| | 5 | 液晶显示屏 | 掌握通过类库对 SSD13060LED 进行操作 |
| | 6 | 互联网基础 | 了解 TCP/IP、IP 地址、端口、UPL 基础知识，理解 HTML 文档基本结构 |
| | 7 | Wi-Fi | 理解 Wi-Fi 类库，掌握通过 Wi-Fi 类库以 STA、AP 模式实现 Wi-Fi 连接 |
| | 8 | Web 服务器 | 掌握利用 Wi-Fi 类库实现 Web 服务器的建立、数据的读入和输出 |
| | 9 | 步进电机 | 理解步进电机的基本工作原理，掌握通过类库实现步进电机的运动控制 |
| | 10 | 机器人控制 | 了解 PID 控制器的基本工作原理，掌握利用中断读取码盘数据，通过比例控制实现机器人按照指定线路运动 |
| 七级标准知识点 | 1 | Python 语言基本编程技能 | 掌握缩进、注释、变量、命令和保留字等基本语法，掌握整数类型、浮点数类型、字符串类型、列附表类型、元组类型、字典类型，掌握分支结构、循环结构的使用，掌握异常处理程序的编写，掌握函数的定义、调用及使用，掌握类的定义和使用，掌握第三方库的安装及使用 |

续表

| | 编号 | 知识点名称 | 知识点掌握程度要求 |
|---|---|---|---|
| 七级标准知识点 | 2 | 数据结构 | 理解堆、栈、队列、树、图的基本概念 |
| | 3 | 排序和查找 | 掌握一种以上的排序和查找算法 |
| | 4 | 递推及递归 | 掌握编写带有递推和递归的程序 |
| | 5 | 最短路径 | 掌握 Dijkstra 算法 |
| | 6 | OpenCV | 掌握通过 OpenCV 获取图像，并对获取的图像进行处理和特征提取 |
| | 7 | Linux 基础 | 掌握 Linux 基本的用户管理、文件和目录管理、网络命令 |
| | 8 | ROS 基础 | 了解 ROS 的基础知识，理解 ROS 的节点、节点管理器、话题、服务 |
| | 9 | ROS 编程基础 | 掌握通过编程控制小海龟的运动 |
| 八级标准知识点 | 1 | 人工智能常识 | 了解人工智能的发展过程，了解机器学习、神经网络、深度学习之间的相互关系及基本知识 |
| | 2 | 主控板 | 理解智能主控板的基本性能，掌握利用智能主控板进行数字信号、模拟信号的读写操作，掌握通过智能主控板和外部器件进行数据通信 |
| | 3 | 机器人移动平台 | 掌握基于 ROS 实现机器人移动平台的精确位置控制 |
| | 4 | 机器人视觉 | 掌握基于 ROS 实现机器人图像识别 |
| | 5 | 机器人听觉 | 掌握基于 ROS 实现机器人语音识别和交互 |
| | 6 | 机器人导航 | 掌握基于 ROS 实现机器人自主导航和避障 |

# 附录 2　常用乐高零件[①]

## 1. 砖

砖主要用于实体搭建，多为实心块，如附图 1 所示，砖的详细名称见附表 3。

① 附录 2 乐高零件由北京奕阳教育研究院提供。

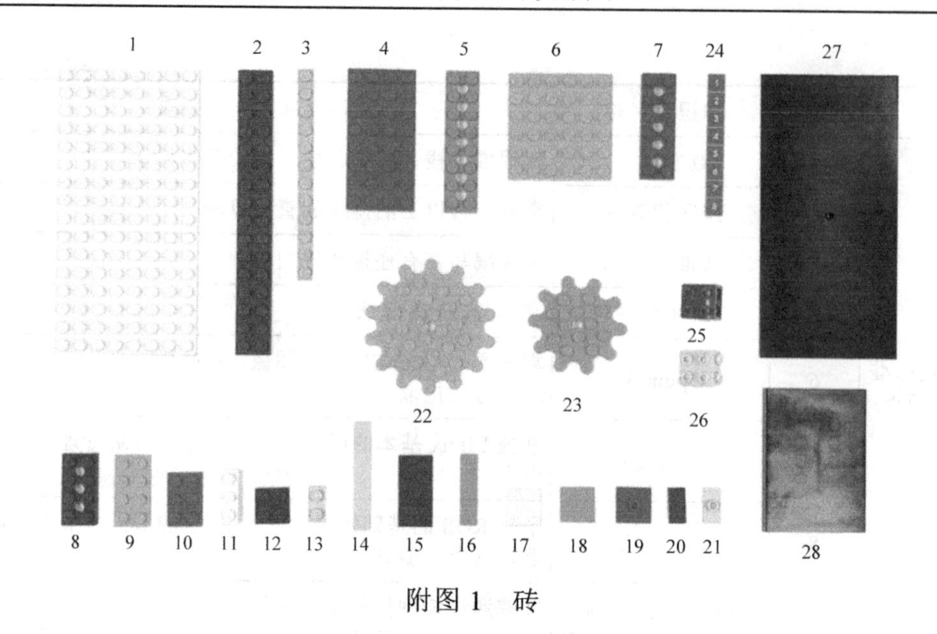


附图 1 砖

**附表 3 砖的类型**

| 零件序号 | 名称 | 零件序号 | 名称 |
| --- | --- | --- | --- |
| 1 | 8×16 板 | 15 | 2×3 瓦片 |
| 2 | 2×16 板 | 16 | 1×4 瓦片 |
| 3 | 1×12 板 | 17 | 2×2 厚瓦片 |
| 4 | 4×8 板 | 18 | 2×2 薄瓦片 |
| 5 | 2×8 圆孔板 | 19 | 2×2 凸点瓦片 |
| 6 | 6×6 板 | 20 | 1×2 瓦片 |
| 7 | 2×6 圆孔板 | 21 | 1×2 凸点瓦片 |
| 8 | 2×4 圆孔板 | 22 | 大齿轮旋转薄片 |
| 9 | 2×4 板 | 23 | 小齿轮旋转薄片 |
| 10 | 2×3 板 | 24 | 数字瓦片 |
| 11 | 1×3 板 | 25 | 2×2 直角凹形片 |
| 12 | 2×2 板 | 26 | 2×2 直角凸点片 |
| 13 | 1×2 板 | 27 | 大型斜面 |
| 14 | 1×6 瓦片 | 28 | 小型斜面 |

2. 轴

轴是断面为十字形的杆，用于连接运动件。轴根据长度不同进行分类，如附图2所示，轴的详细名称见附表4。

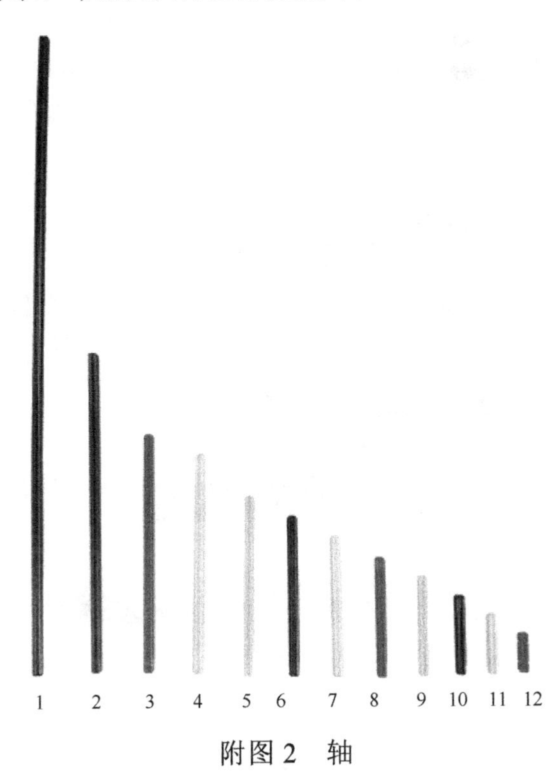


附图2　轴

**附表4　轴的类型**

| 零件序号 | 名称 | 零件序号 | 名称 |
|---|---|---|---|
| 1 | 32#轴 | 7 | 7#轴 |
| 2 | 16#轴 | 8 | 6#轴 |
| 3 | 12#轴 | 9 | 5#轴 |
| 4 | 11#轴 | 10 | 4#轴 |
| 5 | 9#轴 | 11 | 3#轴 |
| 6 | 8#轴 | 12 | 2#轴 |

3. 梁

梁是侧面有孔的零件，常用于支撑、支架，也可代替砖使用，如附图 3 所示，梁的详细名称见附表 5。

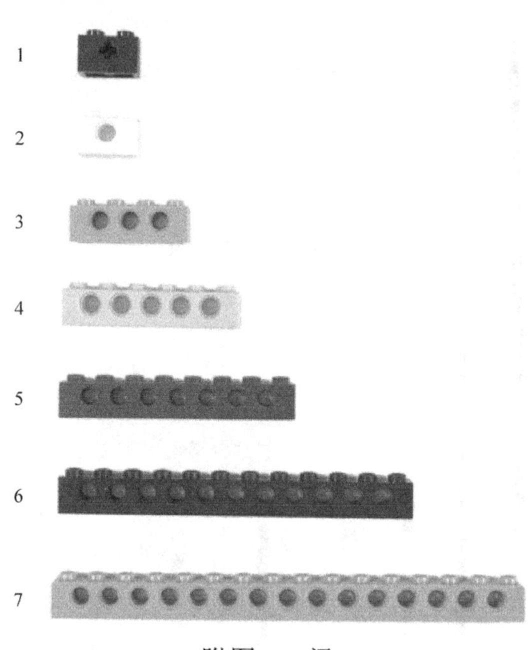


附图 3　梁

**附表 5　梁的类型**

| 零件序号 | 名称 | 零件序号 | 名称 |
|---|---|---|---|
| 1 | 1 十字孔梁 | 5 | 7 孔梁 |
| 2 | 1 孔梁 | 6 | 11 孔梁 |
| 3 | 3 孔梁 | 7 | 15 孔梁 |
| 4 | 5 孔梁 | | |

4. 销

销可以和梁的孔结合，轴套长销可与轴相连，轴销可与带十字孔的零件连接，如附图 4 所示，销的详细名称见附表 6。

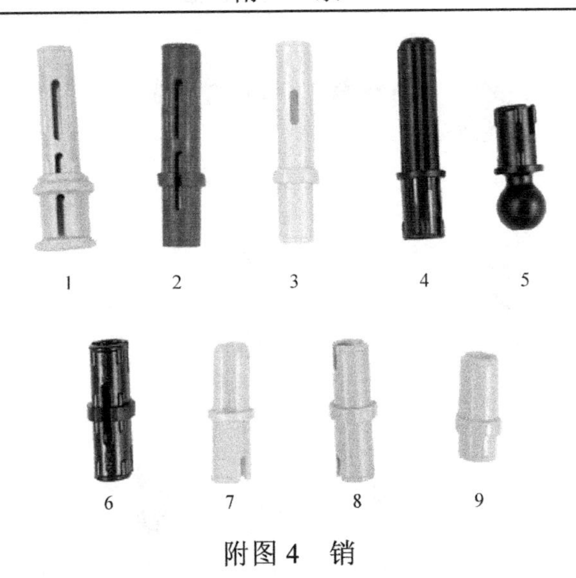


附图 4　销

**附表 6　销的类型**

| 零件序号 | 名称 | 零件序号 | 名称 |
|---|---|---|---|
| 1 | 轴套长销 | 6 | 摩擦销 |
| 2 | 长摩擦销 | 7 | 轴销 |
| 3 | 长光销 | 8 | 光销 |
| 4 | 长轴销 | 9 | 3/4 销 |
| 5 | 圆头摩擦销 | | |

5. 连接件

连接件用于轴与轴、轴与销轴之间的连接，如附图 5 所示，连接件的详细名称见附表 7。

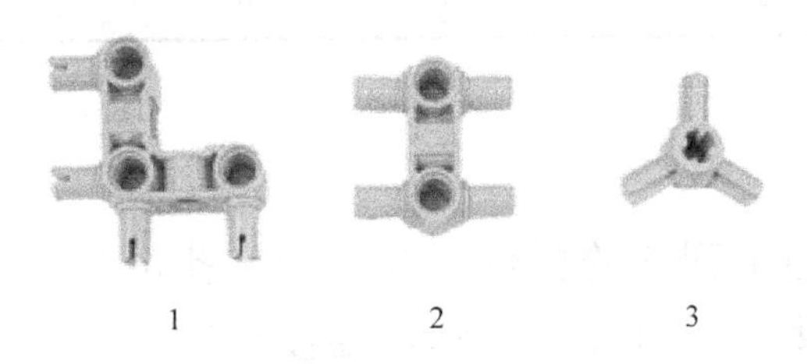

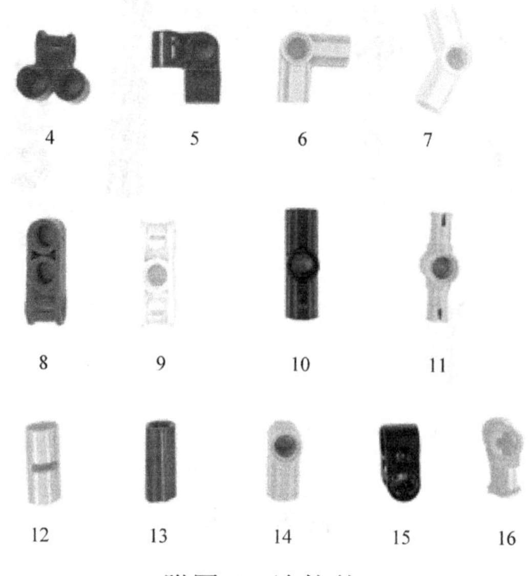


附图 5　连接件

**附表 7　连接件的类型**

| 零件序号 | 名称 | 零件序号 | 名称 |
|---|---|---|---|
| 1 | 3×3 带角连接销 | 9 | 三单位双交叉块 |
| 2 | 3×3 双连接销 | 10 | 2#角连接器 |
| 3 | 3 轮辐射块 | 11 | 双连接销 |
| 4 | 2×2 交叉块 | 12 | 2 单位管子 |
| 5 | 2×1 交叉梁 | 13 | 2 单位套管 |
| 6 | 6#直角连接器 | 14 | 1#角连接器 |
| 7 | 3#角连接器 | 15 | 二单位交叉块 |
| 8 | 三单位交叉块 | 16 | 轴连接器 |

6. 连接杆

连接杆是附表面单列孔的板件，其中十字孔可与轴固连，圆孔则可构成活动的铰链连接，如附图 6 所示，连接杆的详细名称见附表 8。

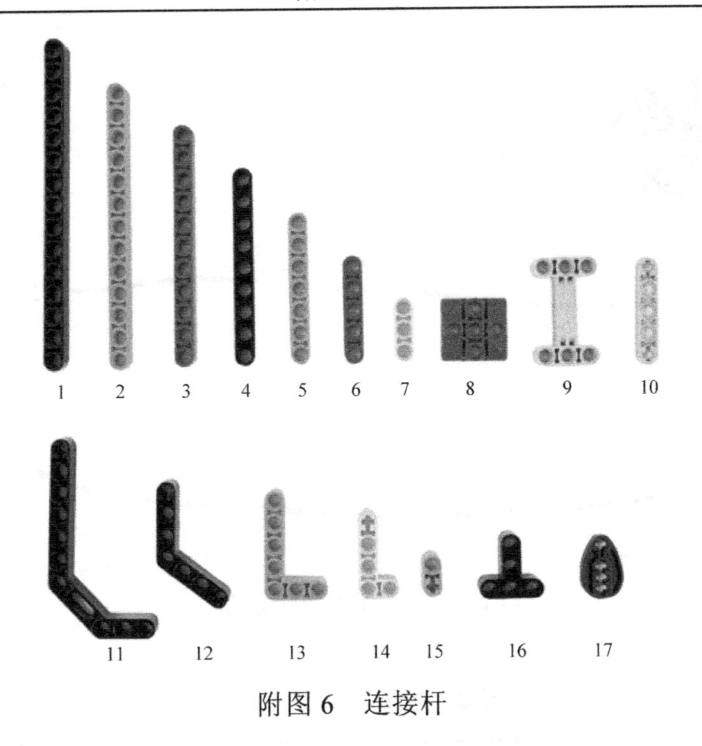


附图 6　连接杆

**附表 8　连接杆的类型**

| 零件序号 | 名称 | 零件序号 | 名称 |
|---|---|---|---|
| 1 | 15 孔连杆 | 10 | 5#薄连杆 |
| 2 | 13 孔连杆 | 11 | 双弯连杆 |
| 3 | 11 孔连杆 | 12 | 单弯连杆 |
| 4 | 9 孔连杆 | 13 | 3×5 直角连杆 |
| 5 | 7 孔连杆 | 14 | 2×4 直角连杆 |
| 6 | 5 孔连杆 | 15 | 2#连杆 |
| 7 | 3 孔连杆 | 16 | 3×3 垂直连杆 |
| 8 | 饼干积木 | 17 | 凸轮 |
| 9 | 工形连杆 | | |

### 7. 滑轮和传送带

滑轮按尺寸分类，如附图 7 所示，滑轮和传送带的详细名称见附表 9。

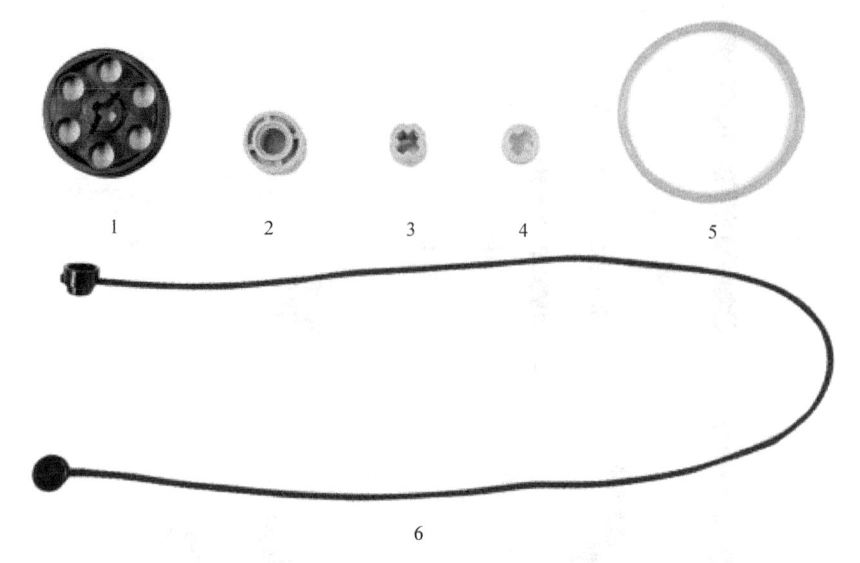


附图 7　滑轮和传送带

**附表 9　滑轮和传送带的类型**

| 零件序号 | 名称 | 零件序号 | 名称 |
|---|---|---|---|
| 1 | 大滑轮 | 4 | 半轴套滑轮 |
| 2 | 小滑轮 | 5 | 传送带 |
| 3 | 轴套 | 6 | 传送绳 |

8. 轮

轮由橡胶轮胎和塑料轮毂构成，按弹性分为实心轮胎和空心轮胎，如附图 8 所示，轮的详细名称见附表 10。

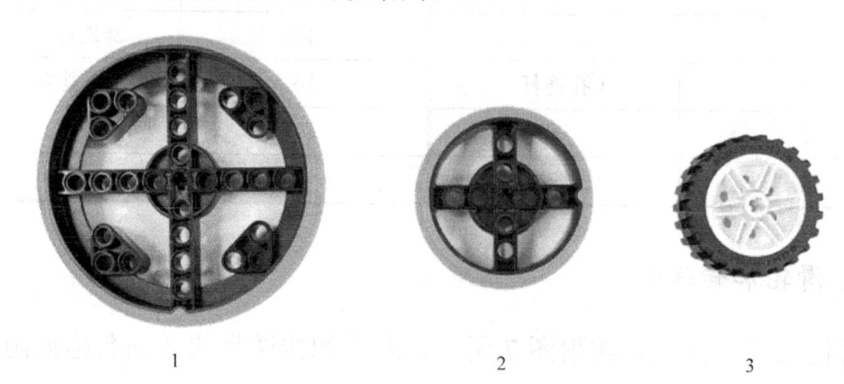

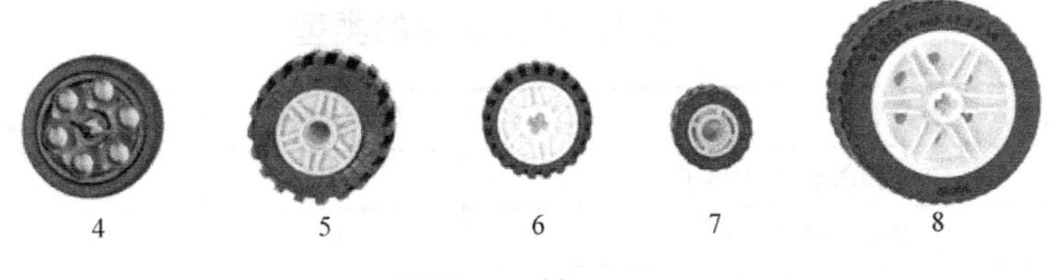

附图 8　轮

**附表 10　轮的类型**

| 零件序号 | 名称 | 零件序号 | 名称 |
| --- | --- | --- | --- |
| 1 | 88×14 光滑大车轮 | 5 | 30.4×14 摩擦实心轮 |
| 2 | 55.7×14 光滑小车轮 | 6 | 24×8 摩擦实心轮 |
| 3 | 43.2×14 摩擦实心轮 | 7 | 17×6 摩擦轮 |
| 4 | 30×4 单轮 | 8 | 43.2×14 实心轮 |

9. 齿轮

齿轮包括圆锥齿轮、双锥齿轮、涡轮、齿条等，如附图 9 所示，齿轮的详细名称见附表 11。

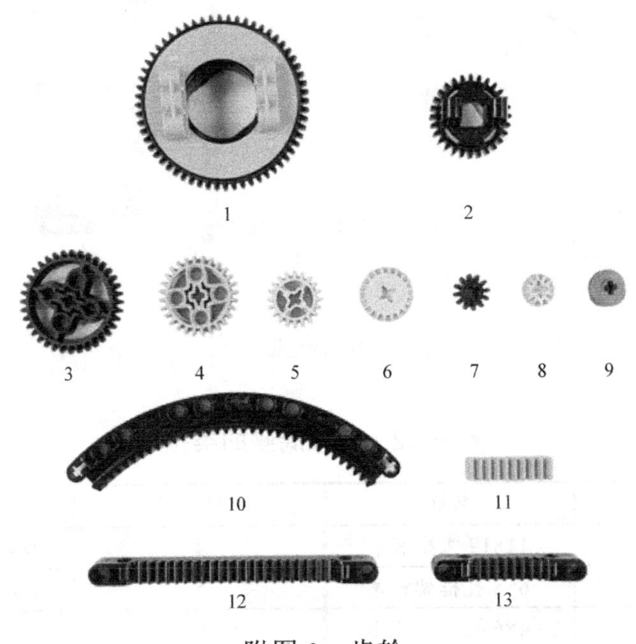

附图 9　齿轮

**附表 11 齿轮的类型**

| 零件序号 | 名称 | 零件序号 | 名称 |
|---|---|---|---|
| 1 | 齿轮/转台(24 内齿/60 外齿) | 8 | 12 齿单面锥齿轮 |
| 2 | 28 齿转台顶 | 9 | 涡轮 |
| 3 | 36 齿双锥齿轮 | 10 | 曲齿轮条 |
| 4 | 28 齿双锥齿轮 | 11 | 9 齿齿轮条 |
| 5 | 20 齿双锥齿轮 | 12 | 长齿轮条 |
| 6 | 20 齿单面锥齿轮 | 13 | 短齿轮条 |
| 7 | 12 齿双锥齿轮 | | |

10. 框架底座

框架底座主要起到支撑作用，如附图 10 所示，框架底座的详细名称见附表 12。

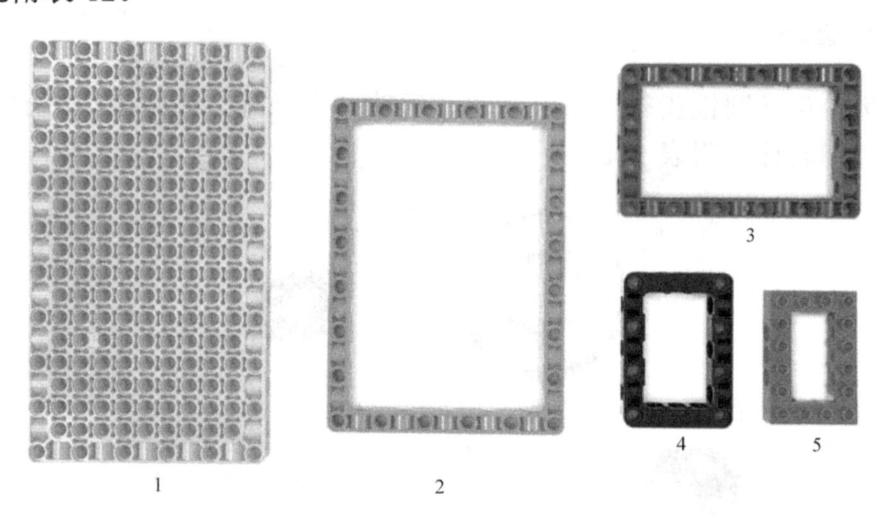


附图 10 框架底座

**附表 12 框架底座的类型**

| 零件序号 | 名称 | 零件序号 | 名称 |
|---|---|---|---|
| 1 | 11×19 大型底板 | 4 | 2×4 孔框架积木 |
| 2 | 6×8 孔框架积木 | 5 | 4×6 凸点框架积木 |
| 3 | 4×6 孔框架积木 | | |

## 11. 气动力件

气动力件能将机械功转换为气体的压力，如附图 11 所示，气动力件的详细名称见附表 13。

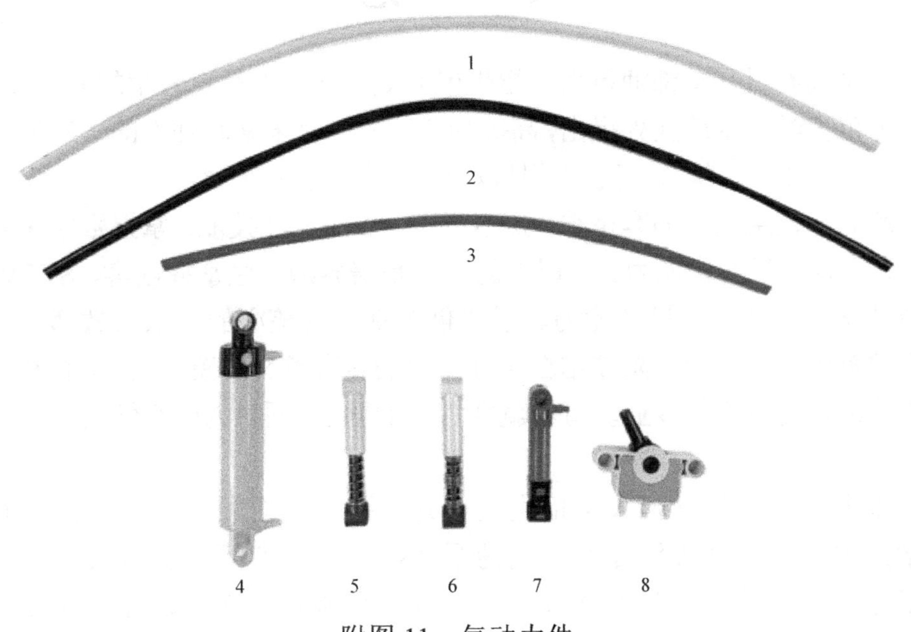


附图 11　气动力件

**附表 13　气动力件的类型**

| 零件序号 | 名称 | 零件序号 | 名称 |
|---|---|---|---|
| 1 | 气缸长气管(灰色) | 5 | 减震器(灰色) |
| 2 | 气缸长气管(黑色) | 6 | 减震器(黄色) |
| 3 | 气缸短气管 | 7 | 小气缸 |
| 4 | 大气缸 | 8 | 气阀 |

# 后　记

本系列教材是首都师范大学招生就业处“双创”教育教学的研究成果，首都师范大学招生就业处提出，高等师范院校对“未来教师”的“双创”教育不同于理工类、综合类院校，是以“创•课”教育为核心的。“创”的实质是培养师范生具有创客精神、探索意识、应用科技技能，掌握数字化教学技术，具备动手实作能力。“课”的实质是培养师范生掌握创客、STEM 等创新教学方法及课程设计能力。以“创•课”为核心的“未来教师”“双创”教育既是高等师范院校结合实际做出的富有意义的新探索，又有利于促进高等师范院校进行专业教育与就业教育的融合，同时为中小学培养教师后备人才。

本书是在首都师范大学招生就业处臧强处长的领导下，在首都师范大学招生就业处刘锐副处长、祝杨军老师、黄丹老师、王婧潇老师的具体指导下，由首都师范大学教育学院教师乔凤天主持，联合高等院校、中小学、幼儿园、企业界、校外教育众多专家、学者和一线教师共同完成的，是集体智慧的结晶。

特别感谢首都师范大学孙彤老师。感谢首都师范大学教育学院张增田书记、蔡春院长、乔爱玲副院长等领导以及教育学院同事的指导和支持。同时感谢北京交通大学洪建平、北京理工大学吕唯唯等高校专家，新华文轩出版传媒股份有限公司李翔，树上信息科技（上海）有限公司冯鹏飞、马达、计宁等企业导师，以及清华大学终身学习实验室、北京奕阳教育研究院、中国电子学会普及工作委员会等研究机构和组织。在撰写过程中，编写组借鉴了相关学者的研究成果，在此一并表示诚挚的感谢！

由于作者水平有限，书中疏漏和不妥之处在所难免，欢迎广大读者批评指正。作者邮箱：630727116@qq.com。

乔凤天

2021 年 3 月